数控铣削加工技术

主　编　焦景龙　于万成

副主编　秦似杰　王　龙

参　编　刘相龙　王　磊　李　宏

　　　　王振星　李启士　刘　畅

　　　　赵永州

北京理工大学出版社
BEIJING INSTITUTE OF TECHNOLOGY PRESS

内容简介

本书根据"1+X"证书数控铣加工职业技能等级要求所规定的内容,结合企业对数控专业技能人才的岗位能力要求,采用模块—任务的形式组织内容编写。主要内容包括六个模块:数控铣削基础知识、外轮廓加工、内轮廓加工、孔加工、"1+X"技能考核以及"1+X"技能考核练习题。本书在教学中采用任务驱动、理实一体化的教学模式。通过对本书的学习可以掌握数控铣削编程与操作相关知识,达到数控铣工初级或更高标准的职业技能水平。

本书所选任务内容来自生产教学一线,选取典型加工案例和加工要素,任务流程符合企业生产流程,内容的编排有助于学生自主学习,自主实践,有利于教师组织教学。

本书作为中等职业学校相关专业的教材,也可以作为"1+X"证书数控车铣工种数控铣削技能培训教学用书。

图书在版编目(CIP)数据

数控铣削加工技术 / 焦景龙,于万成主编. --北京:
北京理工大学出版社,2021.11
ISBN 978-7-5763-0578-4

Ⅰ. ①数… Ⅱ. ①焦… ②于… Ⅲ. ①数控机床-铣
削-教材 Ⅳ. ①TG547

中国版本图书馆 CIP 数据核字(2021)第 216260 号

出版发行 / 北京理工大学出版社有限责任公司
社　　址 / 北京市海淀区中关村南大街 5 号
邮　　编 / 100081
电　　话 / (010)68914775(总编室)
　　　　　 (010)82562903(教材售后服务热线)
　　　　　 (010)68944723(其他图书服务热线)
网　　址 / http://www.bitpress.com.cn
经　　销 / 全国各地新华书店
印　　刷 / 定州市新华印刷有限公司
开　　本 / 889 毫米×1194 毫米　1/16
印　　张 / 11
字　　数 / 223 千字
版　　次 / 2021 年 11 月第 1 版　2021 年 11 月第 1 次印刷
定　　价 / 42.00 元

责任编辑 / 陆世立
文案编辑 / 陆世立
责任校对 / 周瑞红
责任印制 / 边心超

前言

数控铣削加工技术是中职院校制造大类核心专业课程，并且数控加工在制造业企业占据重要地位。在校企合作、产教融合的背景下，职业教育要对接企业实际用工需求，本书结合编者多年教学经验和校企合作经验，调研企业实际岗位能力需求以及"1+X"技能证书考核标准编写而成。本书注重培养学生的专业能力、职业核心能力和分析、解决问题的能力，满足制造类企业生产实践一线岗位能力的需求。结合中等职业教育的特点，在内容选取上以理论够用、技能训练为主的原则，兼顾学生后期职业发展需求。通过任务将学习方法培养、技能训练和文明的职业习惯养成融为一体，搭建高效课堂，突出在做中学、做中教的职业教育特色。

本书编写过程中，始终以学生为中心，把提升学生的职业能力放在突出位置。以培养学生的数控铣削加工能力为主线，遵循目前中职学生的实际情况，按照职业成长规律，以及知识技能点的前后关系，模块任务设置由简单到复杂，知识由浅入深。课程所选内容来自生产教学一线和数控铣技能考核题库，采用任务驱动的教学模式。本书主要特点如下。

1. 本书采用市场占有量较大的 FANUC Oi 数控系统为编程、操作依据。

2. 采用任务驱动的方式，任务流程符合企业实际生产流程。引导学生完成从任务图纸分析，相关知识学习，加工工艺分析，任务实施，到最后零件检测的实际生产流程，培养学生综合岗位能力。

3. 任务内容选用企业典型生产案例、常见典型加工要素，贴合企业生产实际，对接职业标准和岗位能力要求。编写过程注重新工艺、新知识、新方法、新技术的引入，为学生走向工作岗位打下坚实基础。

4. 相关理论知识学习以完成任务为宗旨，注重理论知识向岗位能力的转化。引导学生将所学知识应用到实践中，培养学生自主学习的能力和利用所学知识分析问题和解决实际生产问题的能力。

5. 在任务实施中，不仅关注学生对知识的理解、技能的掌握和岗位能力的提高，更重视学生规范操作、安全文明生产、职业道德等职业素养的形成，以及节约能源，节省材料和爱护工具设备，保护环境等意识和观念的树立。

6. 本书的任务实施采用小组合作的方式进行，注重培养学生的沟通能力、团队协作能力，促进师生团结，形成良好的团队意识。

7. 任务评价标准具体明确，可操作性强，注重产品质量评价以及任务过程评价，培养学生工匠精神和较高产品质量意识。

8. 参考"1+X"技能证书考核标准，学生完成本书的学习，可参加职业技能考核，达到初级或更高标准的职业技能水平。

本书主要有6个模块，12个工作任务。每个工作任务包括任务目标、任务要求、任务准备、相关知识、任务实施等环节，任务过程参考企业实际生产流程。教学中建议采用团队合作方式。各模块主要内容和学时分配建议如下：

模块	任务	学时分配
模块一 数控铣削基础知识	任务一　认识数控铣床	4
	任务二　数控铣床操作规程及维护保养	4
	任务三　数控铣床基础知识及操作	8
模块二 外轮廓加工	任务一　直线轮廓加工	12
	任务二　圆弧轮廓加工	10
模块三 内轮廓加工	任务一　槽加工	10
	任务二　型腔加工	10
模块四 孔加工	任务一　钻孔、铰孔加工	10
	任务二　铣孔、镗孔加工	8
	任务三　螺纹孔加工	8
模块五 "1+X"技能考核	任务一　"1+X"技能考核数控铣初级试题	8
	任务二　"1+X"技能考试数控铣中级试题	8
模块六 "1+X"技能考核练习题	实操练习题	40
合计		140

本书由山东省轻工工程学校焦景龙担任第一主编，负责本书的整体设计、统稿以及模块五、模块六的编写；青岛工贸职业学校于万成担任第二主编，负责模块四内容的编写；青岛工贸职业学校秦似杰担任第一副主编，负责模块一和模块二内容的编写；山东省轻工工程学校的王龙担任第二副主编，负责模块三内容的编写。参加编写的还有山东省轻工工程学校的刘相龙、王磊、李宏、王振星老师，中车青岛四方机车车辆股份有限公司李启士、赵永州，山东省科学院海洋仪器仪表研究所刘畅为教材编写提出了许多建设性意见，并提供大量的一线案例和数据。

由于时间仓促，编者水平有限，书中难免出现疏漏和错误，还请广大读者批评指正。

目录

数控铣削基础知识

数控铣床是世界上最早研制出来的数控机床，是一种功能多样的金属切削机床。数控铣床加工范围广，工艺复杂，是数控加工领域具有代表性的一种机床。与普通机床相比较，数控铣床具有加工精度高，稳定性好，适用性强，操作劳动低等特点，特别适用于板类、壳体类、模具等形状复杂的零件。通过本模块的学习，可了解数控机床的组成、工作原理、加工特点。了解数控机床的安全操作规程，养成良好的文明操作习惯，了解数控铣床的日常维护与保养。掌握数控机床的编程基础知识和基本操作。

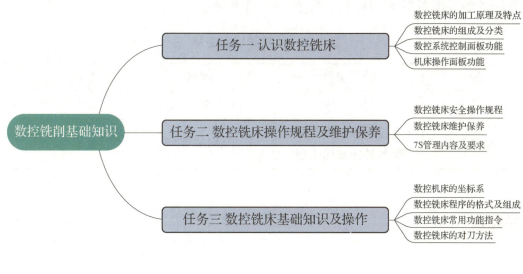

- 数控铣削基础知识
  - 任务一 认识数控铣床
    - 数控铣床的加工原理及特点
    - 数控铣床的组成及分类
    - 数控系统控制面板功能
    - 机床操作面板功能
  - 任务二 数控铣床操作规程及维护保养
    - 数控铣床安全操作规程
    - 数控铣床维护保养
    - 7S管理内容及要求
  - 任务三 数控铣床基础知识及操作
    - 数控机床的坐标系
    - 数控铣床程序的格式及组成
    - 数控铣床常用功能指令
    - 数控铣床的对刀方法

任务一 认识数控铣床

任务目标

【知识目标】

1. 了解数控铣床的功能及分类。
2. 了解数控铣床操作面板。

【技能目标】

1. 熟悉 FANUC 系统控制面板，了解不同显示画面功能。

2. 能够识别数控铣床面板按键的功能。

【素养目标】

1. 具有与人交往和团队协作能力。

2. 具有分析问题和解决问题的能力。

 任务要求

数控铣床是机械加工中最常见的加工设备，请同学们参观数控车间，完成以下任务。

辨别数控车间数控铣床的分类与结构，了解数控铣床功能与特点。认识数控系统操作面板，了解各按键的功能。

 任务准备

完成该任务需要准备的实训物品，如表 1-1-1 所示。

表 1-1-1　实训物品清单

序号	种类	名称	规格	数量	备注
1	机床	数控铣床	VMC850 或其他	8 台	
2	参考资料	《数控铣床编程手册》《数控铣床操作手册》	FANUC 系统	8 本	

 相关知识

一、数控铣床的基本工作原理

按照零件加工的技术要求和工艺要求，编写零件的加工程序，然后将加工程序输入到数控装置，通过数控装置控制机床的主轴运动、进给运动、更换刀具，以及工件的夹紧与松开、冷却、润滑泵的开与关，使刀具、工件和其他辅助装置严格按照加工程序规定的顺序、轨迹和参数进行工作，从而加工出符合图纸要求的零件。

二、数控铣床的特点及应用范围

数控铣床是由普通铣床发展而来的一种数字控制机床，其加工能力强，加工灵活，通用性强。数控铣床的最大特点是高柔性，即具有灵活性、通用性、万能性，可以加工不同形状的工件。数控铣床能够铣削加工各种平面、斜面和立体轮廓零件，如各种形状复杂的凸轮、样板、模具、叶片、螺旋桨等。此外，配上相应的刀具还可进行钻孔、扩孔、铰孔、锪孔、镗孔、攻螺纹等。

1. 数控铣床的加工特点

（1）加工精度高，目前数控机床的脉冲当量普遍达到了 0.001mm，而且进给传动链的反向间隙与丝杠螺距误差等均可由数控装置进行补偿。

（2）对加工对象的适应性强，在数控机床上改变加工零件时，只需重新编制（更换）程序，输入新的程序后就能实现对新零件的加工。

（3）自动化程度高，劳动强度低。

（4）生产效率高。

（5）良好的经济效益。

（6）有利于现代化管理。

2. 数控机床的应用范围

数控机床最适合加工具有以下特点的零件。

（1）多品种小批量生产的零件。

（2）形状结构比较复杂的零件。

（3）精度要求高的零件。

（4）需要频繁改型的零件。

（5）价格昂贵，不允许报废的关键零件。

（6）需要生产周期短的急需零件。

（7）批量较大，精度要求高的零件。

三、数控铣床的基本结构

图 1-1-1　数控铣床

数控铣床（图 1-1-1）是在一般铣床的基础上发展起来的，两者的加工工艺基本相同，结构也有些相似，但数控铣床是靠程序控制的自动加工机床，其结构主要由以下几个部分组成。

1. 主轴箱

包括主轴箱体和主轴传动系统，用于装夹刀具并带动刀具旋转，主轴转速范围和输出扭矩对加工有直接的影响。

2. 进给伺服系统

由进给电动机和进给执行机构组成，按照程序设定的进给速度实现刀具和工件之间的相对运动，包括直线进给运动和旋转运动。

3. 控制系统

数控铣床运动控制的中心，执行数控加工程序控制机床进行加工。

4. 辅助装置

如液压、气动、润滑、冷却系统、排屑和防护等装置。

5. 机床基础件

通常是指底座、立柱、横梁等，它是整个机床的基础和框架。

四、数控铣床的分类

数控铣床的品种和规格繁多，通常可用三种方式进行分类。

1. 按主轴的轴线布置形式分类

（1）数控立式铣床。如图 1-1-2 所示，数控立式铣床的主轴与机床工作台面垂直，一般采用固定式立柱结构，工作台不升降，主轴箱作上下运动。

（2）数控卧式铣床。如图 1-1-3 所示，数控卧式铣床的主轴水平布置，与机床工作台面平行。为了扩大加工范围和使用功能，通常采用增加数控转盘或万能数控转盘来实现 4~5 轴加工。

（3）数控龙门铣床。如图 1-1-4 所示，数控龙门铣床有工作台移动和龙门架移动两种形式，它适用于加工整体结构零件、大型箱体零件和大型模具等。

图 1-1-2　立式铣床　　　　图 1-1-3　卧式铣床　　　　图 1-1-4　龙门铣床

2. 按伺服系统控制方式分类

（1）开环控制即不带位置测量元件，数控装置根据控制介质上的指令信号，经控制运算发出指令脉冲，使伺服驱动元件转过一定的角度，并通过传动齿轮、滚珠丝杠螺母副，使执行机构（如工作台）移动或转动。其特点是没有来自位置测量元件的反馈信号，对执行机构的动作情况不进行检查，指令流向为单向，控制精度较低。

（2）闭环控制是将位置检测装置安装于机床运动部件上，加工中将测量到的实际位置反馈。另外，通过与伺服电动机刚性连接的测速元件，随时实测驱动电动机的转速，得到速度反馈信号，与速度指令信号相比较，其比较的差值对伺服电动机的转速随时进行校正，直至实现移动部件工作台的最终精确定位。

（3）半闭环控制是将位置检测装置安装于驱动电动机轴端或安装于传动丝杠端部，间接地测量移动部件（工作台）的实际位置或位移。

3. 按数控系统控制的坐标轴数量分类

（1）两轴半联动数控铣床。在两轴的基础上增加了 Z 轴的移动，当机床坐标系的 X、Y 轴固定时，Z 轴可以作周期性进给。两轴半联动加工可以实现分层加工。

（2）三轴联动数控铣床。机床能同时控制三个坐标轴的联动，用于一般曲面的加工，一般的型腔模具均可以用三轴加工完成。目前 3 轴数控立式铣床仍占大多数。

（3）多轴联动数控铣床。该机床能同时控制四个以上坐标轴的联动。多坐标数控机床的结构复杂，精度要求高、程序编制复杂，适用于加工形状复杂的零件，如叶轮、叶片类零件。

五、FANUC 数控机床操作面板介绍

数控机床操作面板由数控系统控制面板和机床操作面板两大部分组成。

1. 数控系统控制面板

数控系统控制面板（图 1-1-5）主要用于与显示屏结合来操作和控制数控系统，完成数控程序的编辑与管理，用户数据的输入、屏幕显示状态的切换，等等。MDI 键盘（图 1-1-6）上的各按键名称及功能见表 1-1-2。

图 1-1-5　FANUC 系统控制面板

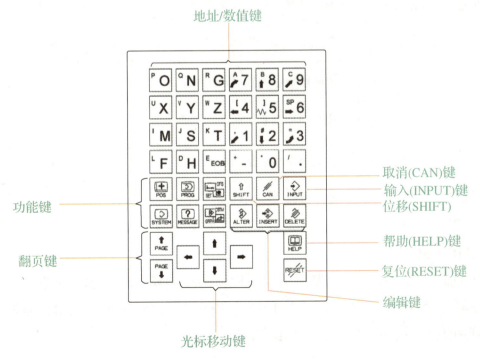

图 1-1-6　FANUC 系统 MDI 键盘

表 1-1-2　FANUC 系统 MDI 按键功能

按键名称	功能
复位（RESET）键	要解除报警或者复位 CNC 时按此键
帮助（HELP）键	当不明白 MDI 键操作，希望显示操作方法以及希望显示 CNC 上发生的报警详细内容时按此键（帮助功能）
…地址/数值键	按这些键可输入字母、数字等字符
位移（SHIFT）键	有一个键上印有两个字符的地址键和数值键。按 SHIFT 键可切换并输入字符。当可以输入左上角指示的字符时，画面上显示出 "∧"
输入（INPUT）键	按下地址/数值键后输入的数据被输入缓冲器并显示于画面上。为把键入缓冲器的数据复制到偏置寄存器等，按 "INPUT" 键。它与 "输入" 按键等效，按下时会产生相同的结果
取消（CAN）键	按此键可删除输入到键入缓冲器的字符或符号
编辑键	按这些键可编写程序。ALTER：修改，INSERT：插入，DELETE：删除
光标移动键	用来使光标移动
翻页键	该键用来使画面上的显示页向前、向后翻动
位置显示键	按此键显示位置显示画面
程序键	按此键显示程序画面
偏置键	按此键显示偏置/设定画面
系统键	按此键显示系统画面
信息键	按此键显示信息画面
图形显示键	按此键显示图形画面

2. 机床操作面板

机床操作面板（图 1-1-7）主要用于控制机床的运动和选择铣床的工作方式，包括手动进给方式、主轴手控按钮、工作方式选择按钮、程序运行控制按钮、进给倍率调节旋钮、主轴倍率调节旋钮等等。主要按键名称及功能见表 1-1-3。

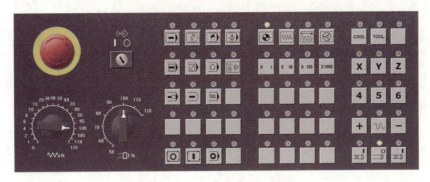

图 1-1-7　机床操作面板

表 1-1-3　机床操作面板按键功能

功能分类	按键图示	名称	功能
工作方式选择按钮		AUTO 自动加工模式	执行已在内存里的程序
		EDIT 程序编辑模式	用于程序的检索、检查、编辑、修改或新建加工程序
		MDI 手动数据输入	用 MDI 键盘输入单节程序指令并可以执行
		REF 回参考点	回机床参考点
		JOG 手动模式	手动连续移动机床
		INC 增量（点动）进给	移动指定的一个距离
		HND 手轮模式	用手轮移动各轴
程序运行控制按钮		单步执行	自动运行时，单步执行程序
		程序段跳跃	自动运行时，可以跳过程序段开头有跳段符号"/"的程序段
		选择性程序停止	自动运行时，遇有 M01 命令程序停止
		机床锁定	机床各个轴会被锁定，只能运行程序
		机床空运行	各轴以固定的速度运行
		程序运行停止	在程序运行中，按下此键程序停止运行
		程序运行开始	在"AUTO"或"MDI"模式时，按下此键程序运行
		程序停止	自动运行时，遇有 M00 命令程序停止

续表

功能分类	按键图示	名称	功能
手动控制按钮		主轴手动控制	手动主轴正转
	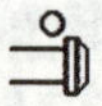		手动主轴停止
			手动主轴反转
	X	手动移动各轴	手动连续移动 X 轴
	Y		手动连续移动 Y 轴
	Z		手动连续移动 Z 轴
	+		手动正方向移动
	 ∿		手动快速进给方式选择,坐标轴以机床指定的速度快速移动
	−		手动负方向移动
		紧急停止	用于机床的紧急停止,按下后机床停止一切动作
		进给倍率调节	用于调节进给速度,实际进给速度=编程给定 F 指令值×进给倍率所选倍率值
		主轴倍率调节	用于主轴选择速度,主轴实际转速=编程给定 S 指令值×主轴倍率所选倍率值
	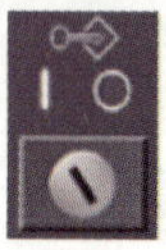	程序编辑锁定	置于  ○ 位置,可编辑或修改程序
	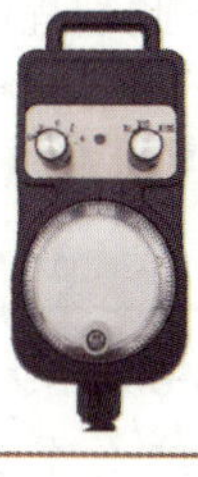	手摇脉冲发生器(手轮)	用于控制各个轴的移动,可精确到 0.001mm

任务实施

1. 参观数控实训车间，对应表 1-1-4 识别车间数控机床的类型和该类型设备的数量。

表 1-1-4　数控铣床类型及数量

图示	类型及数量	图示	类型及数量

2. 观察车间立式数控铣床的组成，对应表 1-1-5 中的图示，找出机床中对应的位置并填写名称。

表 1-1-5　机床的结构组成

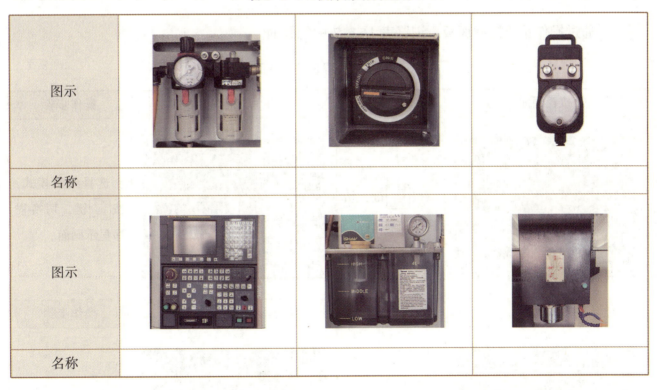

图示			
名称			
图示			
名称			

3. 熟悉数控机床操作面板，识别表 1-1-6 中各按键/旋钮的名称与功能，并填写表格。

表 1-1-6　识别按键

序号	按键	名称	功能
1	(POS)		
2	(PROG)		
3	(OFS/SET)		
4	▣➡		
5	⟪⟫		
6	▣▸		
7	▢		
8	▢		
9	✕		
10	●		

4. 通过操作系统控制面板，浏览表 1-1-7 中的画面。

表 1-1-7　屏幕显示画面

位置画面	操作步骤	程序画面	操作步骤
综合显示　　　　　　　　O0000 N00000 　　相对坐标　　　　绝对坐标 X　　0.000　　X　　249.239 Y　　0.000　　Y　　208.118 Z　　0.000　　Z　　303.639 　　机械坐标　　　　剩余移动量 X　562.267　　X　　0.000 Y　　0.458　　Y　　0.000 Z　-134.673　　Z　　0.000 DRN F　　　　5000　加工件数　　　650 运行时间　25H51M 循环时间　0H 0M 0S 实速度　　　0MM/MIN SACT　　0/分 A)^ 　　　　　　　　　　OS 100%L　0% MDI ****　*** ***　11:51:54 绝对　相对　综合　手轮　(操作)	按(POS)键，切换位置画面	程序目录　　　　　　　O2202 N00000 　　　　　程序数　　内存(KBYTE) 已用：　　　6　　　　4 空区：　　394　　　518 设备：　CNC_MEM O号码　容量(KBYTE)　更新时间 O0001　　1　2021/08/24 14:15 O2101　　1　2021/08/24 14:13 O2102　　1　2021/08/24 14:13 O2201　　1　2021/08/24 14:19 @O2202　　1　2021/08/24 14:27 O9998　　1　2008/06/22 15:27 A)_ 　　　　　　　　　　OS 100%L　0% 编辑 ****　*** ***　14:28:23 程序　列表+　　对话型　(操作)	选择编辑模式，按(PROG)键，切换程序显示画面
刀偏画面	操作步骤	坐标系画面	操作步骤
刀偏　　　　　　　　　O0000 N00000 号　形状(H)　磨损(H)　形状(D)　磨损(D) 001　0.000　0.000　8.200　0.000 002　0.000　0.000　0.000　0.000 003　0.000　0.000　0.000　0.000 004　0.000　0.000　0.000　0.000 005　0.000　0.000　0.000　0.000 006　0.000　0.000　0.000　0.000 007　0.000　0.000　0.000　0.000 相对坐标　X　　0.000　Y　0.000 　　　　　Z　　0.000 A)_ 　　　　　　　　　　OS 100%L　0% MDI ****　*** ***　11:48:50 号搜索　C输入　+输入　输入	按(OFS/SET)键，切换偏置画面	综合显示　　　　　　　O0000 N00000 　　相对坐标　　　　绝对坐标 X　　0.000　　X　　249.239 Y　　0.000　　Y　　208.118 Z　　0.000　　Z　　303.639 　　机械坐标　　　　剩余移动量 X　562.267　　X　　0.000 Y　　0.458　　Y　　0.000 Z　-134.673　　Z　　0.000 DRN F　　　　5000　加工件数　　　650 运行时间　25H51M 循环时间　0H 0M 0S 实速度　　　0MM/MIN SACT　　0/分 MDI ****　*** ***　11:51:54 　　　　　　　　　　OS 100%L　0% 绝对　相对　综合　手轮　(操作)	按(OFS/SET)键，切换坐标系画面

续表

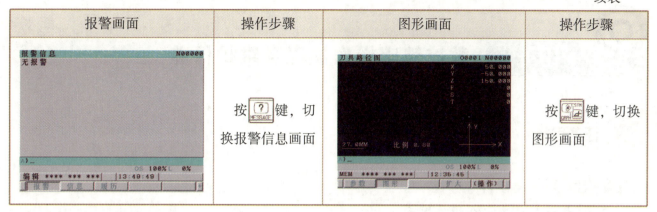

报警画面	操作步骤	图形画面	操作步骤
	按 ⌨ 键，切换报警信息画面		按 ⌨ 键，切换图形画面

 任务评价与总结

根据任务完成情况，填写任务评价表（表 1-1-8）和任务总结表（表 1-1-9）。

表 1-1-8　任务评价表

任务名称		日期		
评价项目	评价标准	配分	自我评分	教师评分
安全操作规范 15%	正确规范操作设备，能正确处理任务实施出现的异常情况	15		
任务完成情况 60%	按照任务要求，按时完成任务。了解数控铣床的功能和分类，识别操作面板按键功能	60		
职业素养 15%	遵守纪律，工作中态度积极端正，无安全事故	15		
团队协作 10%	小组成员分工明确，积极参与任务实施。团队协作，解决加工中遇到的问题	10		
合计		100		

表 1-1-9　任务总结表

自我总结	通过本任务的学习，谈谈自己的收获和存在的问题： 学生签名： 日期：
教师总结	对学生的评价与建议： 教师签名： 日期：

任务二　数控铣床操作规程及维护保养

任务目标

【知识目标】

1. 掌握数控铣床安全操作规范。

2. 了解数控铣床日常维护与保养。

3. 了解 7S 管理内容。

【技能目标】

1. 能够正确操作机床，保证人身及设备安全。

2. 能够完成铣床的日常维护与保养。

【素养目标】

1. 具有良好的职业素养，做到安全、文明操作。

2. 具有吃苦耐劳的精神。

任务要求

　　请同学们认真学习数控实训安全规程，掌握数控铣床安全操作规范。掌握数控铣床日常维护保养项目，对机床进行日常维护保养。遵照 7S 管理办法，检查车间存在的问题。

任务准备

　　完成该任务需要准备的实训物品如表 1-2-1 所示。

表 1-2-1　实训物品清单

序号	种类	名称	规格	数量	备注
1	机床	数控铣床	VMC850 或其他	8 台	
2	参考资料	《数控铣床编程手册》《数控铣床操作手册》	FANUC 系统	8 本	
3	工具	扳手、抹布、油桶等		8 套	

 **相关知识**

一、安全操作规程

在操作机床之前，操作人员必须仔细阅读机床说明书，查看机床安全警示标示，以对机床安全措施和要求有所了解，并遵守相关的安全操作规程。

1. 人身安全

（1）安全程序是工作中的重要组成部分。无论从事任何活动，防止事故的发生是主要目标。

（2）在操作机床时，严禁两人或两人以上同时操作机床。应确保机床相关的工作人员、位于机床附近人员充分了解并遵守这些安全预防措施和程序。

（3）严禁突然跑动、高声喧哗和嬉闹等行为，因为这样会分散操作人员的注意力，对在设备周围工作的人员造成不安全的隐患。

（4）注意观察并遵守工作区域的安全提示，例如，严禁吸烟、高压、危险、严禁触摸等。

（5）在运转的设备周围不许穿戴围脖、领带、手套等可能存在卷入的危险物品。由于衣服或其他物品卷入本机床运转零部件会造成严重的人身伤害事故，务必严格遵守要求，防止事故的发生。

（6）在酒精、药物或其他降低反应能力或判断力的物质影响或状态下，严禁操作机床。

2. 工作区安全

保持工作区域的清洁：危险的物品，如地面上的油、碎片或水可造成地滑，引起人体向地面、机床或其他物品上的磕绊和碰撞，造成严重的人身伤害。必须确保工作区域中不存在危险的障碍物。注意突出的机床部件。使用完成后，应立即将工具和类似设备放回到合适的储放位置。保持工作台面整齐有序和清洁。发现不安全工作状况，应立即向相关人员报告。

3. 机床安全

（1）不要随意按压操作面板上按钮及各轴的行程限位开关。尤其是不能私自更改限位开关的安装位置及线路。当一轴的动力进给在超过行程位置时，应特别小心，确保所选择的方向正确并使超过行程的轴移动到行程位置以内。如果方向选择错误，则可能会使该超过行程的轴进一步超程，造成伺服故障报警。

（2）在本机床运行或停止状态下不要轻易打开电气柜门。

（3）不允许改变机床内已设定的相关机床参数。而其他参数如果用户必须改变，应由经过培训且经制造厂认可的专业人员操作，并记录下变动前的参数值，以便在必要时能够恢复原始状态。

（4）全面阅读机床说明书及技术资料，以熟悉各项功能和对应键的操作方法及注意事项。

（5）不要用湿手接触电柜内及操作面板上任何开关以免发生触电危险。机床上贴有闪电标牌部位，表示这些部位有高电压用电器或电气组件，操作人员在接近这些部位或打开维修时应格外小心，以免触电。

（6）应十分熟悉急停按钮的位置，操作面板有一个红色蘑菇头形状的急停按钮，按下该按钮后立即停止机床伺服电动机、冷却泵等所有电动机的动作。在发生意外撞车及其他紧急情况时应迅速地就近按下急停按钮，切断伺服动力电源立即停车，避免发生更严重的损坏。电源突然断电时，应随即关闭总电源开关，检查电源无误后方可重新开启。

（7）配电盘位于机床配电柜内，配电柜由旋锁锁紧，仅在安装设定、服务维修时才可以打开，即使在此时也只有合格的人员才可以接触。当总电源开关开启时，配电盘（包括电路和逻辑电路）会带有高压电，并且一些部件会处在高温状态下，因此需要特别小心。

（8）不要对设备电器回路等进行任意改装、改变。

（9）机床加工程序是自动控制的，可能随时会启动运行。机床可能会造成严重的人身伤害。当手放在主轴或者主轴刀具上的时候，严禁按下主轴正转、主轴反转、主轴定向或由此启动的换刀循环动作，如果启动可能会伤及操作人员。

4. 数控铣床安全操作规程

（1）进入车间实习时，要穿好工作服，大袖口要扎紧，衬衫要系入裤内。女同学要戴安全帽，并将发辫纳入帽内。不得穿凉鞋、拖鞋、高跟鞋、背心、裙子和戴围巾进入车间。注意：不允许戴手套操作机床。

（2）注意不要移动或损坏安装在机床上的警告标牌。

（3）注意不要在机床周围放置障碍物，工作空间应足够大。

（4）某一项工作如需要俩人或多人共同完成时，应注意相互间的协调一致。

（5）不允许采用压缩空气清洗机床、电气柜及 NC 单元。

（6）应在指定的机床进行实习。未经允许，其他机床设备、工具或电器开关等均不得乱动。

（7）开动机床前，要检查机床电气控制系统是否正常，润滑系统是否畅通、油质是否良好，并按规定要求加足润滑油。检查各操作手柄是否正确，工件、夹具及刀具是否已夹持牢固，检查冷却液是否充足，然后开慢车空转 3~5min，检查各传动部件是否正常，确认无故障后，才可正常使用。

（8）程序调试完成后，必须经指导老师同意方可按步骤操作，不允许跳步骤执行。未经指导老师许可，不得擅自操作或违章操作。

（9）加工零件前，必须严格检查机床原点、刀具数据是否正常并进行无切削轨迹仿真运行。

（10）加工零件时，必须关上防护门，不准把头、手伸入防护门内，加工过程中不允许打开防护门。

（11）加工过程中，操作者不得擅自离开机床，应保持精神高度集中，观察机床的运行状态。若发生不正常现象或事故时，应立即终止程序运行，切断电源并及时报告指导老师，不得进行其他操作。

（12）严禁私自打开数控系统控制柜进行观看和触摸。

（13）操作人员不得随意更改机床内部参数。实习学生不得调用、修改其他非自己所编的程序。数控铣床属于大精设备，除工作台上安放工装和工件外，机床上严禁堆放任何工具、夹具、刀具、量具、工件和其他杂物。

（14）禁止用手接触刀尖和铁屑，铁屑必须要用铁钩子或毛刷来清理。

（15）禁止用手或其他任何方式接触正在旋转的主轴、工件或其他运动部位。

（16）禁止加工过程中测量工件、手动变速，更不能用棉丝擦拭工件，也不能清扫机床。

（17）禁止进行尝试性操作。

（18）使用手轮或快速移动方式移动各轴位置时，一定要看清机床 X、Y、Z 轴各方向"+、−"号标牌后再移动。移动时先慢转手轮观察机床移动方向无误后方可加快移动速度。

（19）在程序运行中须暂停测量工件尺寸时，要待机床完全停止、主轴停转后方可进行测量，以免发生人身事故。

二、数控铣床维护与保养

1. 数控铣床日常维护和保养

（1）操作者在每班加工结束后，应清扫干净散落于工作台、导轨等处的切屑、油垢；在工作结束前，应将各伺服轴回归指定位置后停机。

（2）检查确认各润滑油箱的油量是否符合要求。各手动加油点按规定加油。

（3）注意观察机器导轨与丝杠表面有无润滑油，使之保持润滑良好。

（4）检查确认液压夹具、主轴运转情况。

（5）工作中随时观察积屑情况，切削液系统工作是否正常，有积屑严重应停机清理。

（6）如果离开机器时间较长要关闭电源，以防非专业者操作。

2. 数控铣床每周的维护和保养

（1）每周要对机器进行全面的清理。各导轨面、滑动面、丝杠加注润滑油。

（2）检查和调整传动带、压板及镶条松紧适宜。

（3）检查并扭紧滑块、走刀传动机构、手轮、工作台支架等部位的螺钉、顶丝。

（4）检查滤油器是否干净，若较脏，必须洗净。

（5）检查各电气柜过滤网，清洗黏附的尘土。

3. 数控铣床每月或季度的维修保养

（1）检查各润滑油管是否畅通无阻、油窗明亮，并检查油箱内有无沉淀物。

（2）清扫机床内部切屑、油垢。

（3）各润滑点加油。

（4）检查所有传动部分有无松动，检查齿轮与齿条啮合的情况，必要时可调整或更换。

（5）检查强电柜及操作平台，各紧固螺钉是否松动，用吸尘器或吹风机清理柜内灰尘。

（6）检查所有按钮和选择开关的性能，各接触点是否良好，确保不漏电，如有损坏的情况应更换。

4. 数控铣床每年的维修保养

（1）检查滚珠丝杠润滑脂，更换新润滑脂。

（2）更换 X、Y、Z 轴进给部分的轴承润滑脂，更换时，一定要把轴承清洗干净。

（3）清洗各类阀、过滤器，清洗油箱底，按规定换油。

（4）清洗主轴润滑箱，更换润滑油。

（5）检查电动机换向器表面，去除毛刺，吹净炭粉，磨损过多的炭刷应及时更换。

（6）调整电动机传动带松紧。

（7）清洗离合器片，清洗冷却箱并更换冷却液，更换冷却油泵过滤器。

三、7S 管理内容及要求

7S 管理是现场各项管理的基础活动，它有助于消除企业在生产过程中可能面临的各类不良现象。7S 活动在推行过程中，通过开展整理、整顿、清扫等基本活动，使之成为制度性的清洁，最终提高员工的职业素养。7S 活动是环境与行为建设的管理文化，它能有效解决工作场所凌乱、无序的状态，有效提升个人行动能力与素质，有效改善文件、资料、档案的管理，有效提升工作效率和团队业绩，使工序简洁化、人性化、标准化。

（1）整理（sort）：区分要用与不要用的物资、把不要的清理掉。

（2）整顿（straighten）：要用的物资依规定定位、定量摆放整齐、标明识别。

（3）清扫（sweep）：清除现场内的脏污、垃圾、杂物，并防止污染的发生。

（4）清洁（sanitary）：将前 3S 实施的做法制度化、规范化、执行并维持良好成果。

（5）素养（sentiment）：人人依规定行事、养成好习惯。

（6）安全（safety）：人人都为自身的一言一行负责的态度、杜绝一切不良隐患。

（7）节约（save）：对时间、空间、原料等方面合理利用，以企业主人的心态发挥它们的最大效能。

任务实施

（1）进入车间之前请认真阅读车间安全管理规程，按照要求穿戴好防护用品，如图 1-2-1 所示。各小组成员之间相互检查。

（2）开机时先打开机床总电源，再按系统启动按钮，如图 1-2-2 所示。

（3）操作机床运行时，手指应放在进给保持按钮上或者急停按钮附近，如图 1-2-3 所示，以便发现问题及时暂停。不得多人同时操作机床。

（4）检查机床润滑油箱，液面低于最低标线应及时添加对应牌号润滑油，如图 1-2-4 所示。

图 1-2-1　穿戴工装

图 1-2-2　开机

图 1-2-3　操作机床

（5）检查空气压力表压力，将压力调整至合理范围，如图 1-2-5 所示。

（6）检查机床电器柜防尘滤网，如图 1-2-6 所示。用压缩空气清理滤网，或者用清水冲洗并晾干方可进行安装。

图 1-2-4　添加润滑油

图 1-2-5　检查气压

图 1-2-6　清理防尘网

（7）检查机床内部工作台及导轨状况，清扫干净，并涂抹防锈油，如图 1-2-7 所示。

（8）清洁主轴锥孔及刀柄。用干净的棉纱清洁刀柄及主轴锥孔内油污及切屑，如图 1-2-8 所示。

（9）关闭机床。关闭机床前应将工作台和各坐标轴移动到中间的位置，关闭机床防护门，如图 1-2-9 所示。先关闭系统电源，后关闭机床总电源。

图 1-2-7　清扫机床

图 1-2-8　清理主轴锥孔

图 1-2-9　关闭机床

（10）按照车间 7S 管理规定，对车间进行检查整理。

 任务评价与总结

根据任务完成情况，填写任务评价表（表 1-2-2）和任务总结表（表 1-2-3）。

表 1-2-2　任务评价表

任务名称			日期		
评价项目	评价标准	配分	自我评分	教师评分
安全操作规范 15%	正确规范操作设备，任务过程机床无碰撞，能正确处理任务实施出现的异常情况	15		
任务完成情况 60%	按照任务要求，按时完成任务。了解数控机床安全操作规范，能对机床进行日常维护与保养	60		
职业素养 15%	着装整齐规范，遵守纪律，工作中态度积极端正，严格遵守安全操作规程，无安全事故。及时维护、保养、清扫设备，遵守 7S 管理规定	15		
团队协作 10%	小组成员分工明确，积极参与任务实施。团队协作，解决加工中遇到的问题	10		
合计	100			

表 1-2-3　任务总结表

自我总结	通过本任务的学习，谈谈自己的收获和存在的问题： 学生签名： 日期：
教师总结	对学生的评价与建议： 教师签名： 日期：

 **任务三　数控铣床基础知识及操作**

任务目标

【知识目标】

1. 了解数控铣床坐标系。

2. 掌握工件坐标系建立的原理和方法。

3. 了解数控铣床加工程序的格式及组成。

【技能目标】

1. 能够完成对刀操作。

2. 能够完成程序的录入和模拟。

【素养目标】

1. 具有安全操作意识，养成良好的职业素养。

2. 具有人际沟通能力和团队协作能力。

3. 具有吃苦耐劳的精神。

任务要求

同学们，车间数控铣床为 FANUC 系统，请认真学习坐标系相关知识及操作，了解程序的格式及组成，完成以下任务。

任务一：安装工件并设置工件坐标系原点（图1-3-1）。

任务二：录入加工程序并模拟刀具轨迹（图1-3-2）。

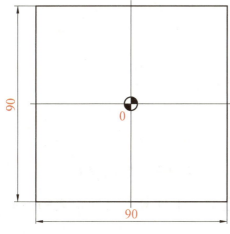

图1-3-1　任务一

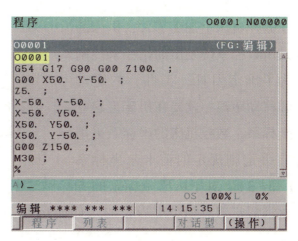

图1-3-2　任务二

任务准备

完成该任务需要准备的实训物品如表 1-3-1 所示。

表 1-3-1　实训物品清单

序号	种类	名称	规格	数量	备注
1	机床	数控铣床	VMC850 或其他	8 台	
2	学习资料	《数控铣床编程手册》《数控铣床操作手册》	FANUC 系统	8 本	
3	刀具	立铣刀	φ10	8 把	
4	量具	游标卡尺	0~150mm	8 把	
		杠杆百分表	0~0.8mm	8 个	
		寻边器	光电式	8 个	
		Z 轴设定器	高度 50mm	8 个	
5	附具	磁力表座		8 个	
		平口钳	6 寸或 8 寸	8 台	
		组合平行垫铁	12 组	8 套	
		橡胶锤		8 把	
6	材料	铝块	90mm×90mm×25mm	8 块	
7	工具车			8 辆	

 **相关知识**

一、数控机床的坐标系

在数控机床上加工零件，机床的动作是由数控系统发出的指令来控制的。为了确定刀具（工件）的运动方向和移动距离，就要在机床上建立一个坐标系。数控机床的坐标系采用符合右手定则规定的笛卡尔坐标系（图 1-3-3）。对于机床坐标系的方向，永远假定刀具相对于静止的工件而运动，统一规定增大工件与刀具间距离的方向为正方向。

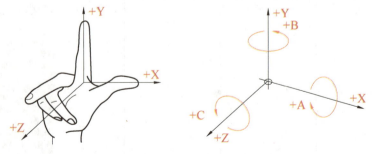

图 1-3-3　右手笛卡尔坐标系统

1. 数控铣床的机床坐标系

机床坐标系又称机械坐标系，用以确定工件、刀具等在机床中的位置，是机床运动部件的进给运动坐标系，其坐标轴及运动方向按标准规定，是机床上的固有坐标系。数控铣床坐标系如图 1-3-4 所示。

图 1-3-4　机床坐标系

（1）Z 轴与主轴轴线重合，刀具远离工件的方向为正方向（+Z）。

（2）X 轴垂直于 Z 轴，并平行于工件的装夹面，如果为单立柱铣床，面对刀具主轴向立柱方向看，其右运动的方向为 X 轴的正方向（+X）。

（3）Y 轴与 X 轴和 Z 轴一起构成遵循右手定则的坐标系统。

（4）机床坐标系原点又叫机床零点，它是其他所有坐标系，如工件坐标系以及机床参考点的基准点。机床坐标系的原点在机床制造出来时就已经确定，不能随意改变。

2. 机床参考点

为了正确地在机床工作时建立机床坐标系，通常在每个坐标轴的移动范围内设置一个机床参考点（测量起点），机床启动时，通常要进行机动或手动回参考点，以建立机床坐标系。机床参考点可以与机床零点重合，也可以不重合，通过机床参数指定参考点到机床零点的距离。

3. 工件坐标系

工件坐标系也叫编程坐标系，是编程人员根据零件图样及加工工艺等在工件上建立起来的坐标系，是编程时的坐标依据。为保证编程与机床加工的一致性，工件坐标系也应符合右手笛卡尔坐标系。

工件原点的设置一般应遵循下列原则。

（1）工件原点应尽可能选择在工件的设计基准和工艺基准上，以方便编程。

（2）工件原点应尽量选在尺寸精度高、表面粗糙度值小的工件表面上。

（3）工件原点最好选在工件的对称中心上。

（4）要便于测量和检验。

在数控铣床中，Z 轴的原点一般设定在工件的上表面。对于对称工件，X、Y 轴的原点一般设定在工件的对称中心。对于非对称工件，X、Y 轴的原点一般设定在工件的某个棱角上。

4. 工件坐标系选择指令 G54～G59

G54～G59 是系统预定的 6 个工件坐标系，可根据需要任意选用。这 6 个预定工件坐标系的原点在机床坐标系中的值（工件零点偏置值）可用 MDI 模式输入，系统自动记忆。工件坐标系一旦选定，后续程序段中绝对值编程时的指令值均为相对此工件坐标系原点的值。采用 G54～G59 选择工件坐标系方式如图 1-3-5 所示。

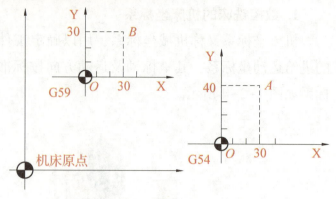

图 1-3-5　工件坐标系的使用

二、数控铣床程序的格式及组成

数控加工零件程序是一组被传送到数控系统中去的指令和数据。一个零件程序是由遵循一定结构、句法和格式规则的若干个程序段组成的，而每个程序段是由若干个指令字组成的。如图 1-3-6 所示。

（1）程序名。FANUC 数控系统的程序名由英文大写字母"O"和四位数字组成。

（2）程序内容。程序内容是整个程序的核心，由多个程序段组成，用于表述数控机床加工动作和运行状态。程序段与程序段之间用"EOB"（;）分隔。

（3）程序结束。用指令 M02 或 M03 结束程序。

```
O1000;

N01 G91 G00 X50.Y60.;

N10 G01 X100.Y500. F150 S300 M03;

N……

N200 M02;
```

图 1-3-6　程序的组成

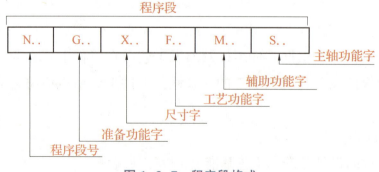

图 1-3-7　程序段格式

（4）程序段格式。程序段是由一个或多个程序字组成，程序字又由字母（又称地址符）、符号和数字组成。

程序段格式是指程序段中的程序字的安排形式，如图 1-3-7 所示。

三、数控铣床常用功能指令

数控系统常用的功能有准备功能、辅助功能、其他功能三种，这些功能是编制加工程序的基础。

1. 准备功能

准备功能又称 G 功能或 G 指令，是数控机床完成某些准备动作的指令。它由地址符 G 和后面的两位数字组成。FANUC 常用 G 代码见表 1-3-2。

表 1-3-2　FANUC G 代码表

代码	组	含 义	
G00	01	定位（快速移动）	
G01		直线插补（切削进给）	
G02		顺时针圆弧插补/螺旋插补 CW	
G03		逆时针圆弧插补/螺旋插补 CCW	
G04	00	暂停、准确停止	
G15	17	极坐标指令取消	
G16		极坐标指令	
G17	02	XpYp 平面	Xp：X 轴或者其平行轴
G18		ZpXp 平面	Yp：Y 轴或者其平行轴
G19		YpZp 平面	Zp：Z 轴或者其平行轴
G20	06	英制输入	
G21		公制输入	
G27	00	返回参考点检测	
G28		自动返回至参考点	
G29		从参考点移动	
G30		返回第 2、第 3、第 4 参考点	
G31		跳过功能	
G33	01	螺纹切削	
G40	07	工具半径补偿取消	
G41		工具半径补偿左	
G42		工具半径补偿右	
G43	08	刀具长度补偿+	
G44		刀具长度补偿-	
G49		刀具长度补偿取消	
G50	11	比例缩放取消	
G51		比例缩放	
G50.1	22	可编程镜像取消	
G51.1		可编程镜像	

续表

代码	组	含　义
G52	00	局部坐标系设定
G53		机械坐标系选择
G54	14	工件坐标系 1 选择
G55		工件坐标系 2 选择
G56		工件坐标系 3 选择
G57		工件坐标系 4 选择
G58		工件坐标系 5 选择
G59		工件坐标系 6 选择
G60	00	单向定位
G61	15	准确停止方式
G62		自动拐角倍率
G63		攻丝方式
G64		切削方式
G68	16	坐标旋转方式 ON
G69		坐标旋转方式 OFF
G73	09	深孔钻削循环
G74		反向攻丝循环
G76		精细钻孔循环
G80		固定循环取消/电子齿轮箱同步取消
G81		钻孔循环、点镗孔循环/电子齿轮箱同步开始
G82		钻孔循环、镗阶梯孔循环
G83		深孔钻削循环
G84		攻丝循环
G85		镗孔循环
G86		镗孔循环
G87		反镗循环
G88		镗孔循环
G89		镗孔循环
G90	03	绝对指令
G91		增量指令
G92	00	工件坐标系的设定/主轴最高转速钳制

续表

代码	组	含　义
G93		反比时间进给
G94	05	每分钟进给
G95		每转进给
G96	13	周速恒定控制
G97		周速恒定控制取消
G98	10	固定循环返回初始平面
G99		固定循环返回 R 点平面

2. 辅助功能

辅助功能又称 M 功能或 M 指令。它由地址符 M 和后面的两位数字组成。

辅助功能主要控制机床或系统的各种辅助动作，如机床/系统的电源开、闭，冷却液的开、关，主轴的正转、反转、停转及程序的结束等。常用 M 代码见表 1-3-3。

表 1-3-3　M 代码功能表

M 指令	功　能	M 指令	功　能
M00	程序停止	M06	刀具交换
M01	程序选择性停止	M08	切削液开启
M02	程序结束	M09	切削液关闭
M03	主轴正转	M30	程序结束，返回开头
M04	主轴反转	M98	调用子程序
M05	主轴停止	M99	子程序结束

3. 其他功能

（1）坐标功能

坐标功能字（又称尺寸功能字）用来设定机床各坐标的位移量。数控铣床一般使用 X、Y、Z 以及 I、J、K 等地址符为首，在地址符后紧跟"＋"或"－"符号和一串数字。

（2）进给功能

用来指定刀具相对于工件运动速度的功能称为进给功能，由地址符 F 和其后面的数字组成。根据加工的需要，进给功能分为每分钟进给和每转进给两种，并以其对应的功能字进行转换。

（3）主轴功能

用以控制主轴转速的功能称为主轴功能，亦称为 S 功能，由地址符 S 及其后面的一组数字组成。转速 S 的单位是转/分钟（r/min）。

在程序中，主轴的正转、反转、停转由辅助功能 M03、M04、M05 进行控制。其中，M03

表示主轴正转，M04 表示主轴反转，M05 表示主轴停转。

四、数控铣床常用夹具

数控铣床的夹具是数控铣床上用于装夹工件的一种装置。其作用是将工件定位，以使工件获得相对机床和刀具的正确位置，并把工件可靠地夹紧。

1. 机用平口钳

机用平口钳也叫机用虎钳，其使用方便灵活、适应性广，常用于装夹形状比较规则的零件，对于加工一般精度要求和夹紧力要求的零件时常用机用平口钳（图 1-3-8），靠丝杠螺母相对运动来夹紧工件。

2. 自定心卡盘

在数控铣床上加工圆柱类、盘类回转体零件时，可采用自定心卡盘装夹（图 1-3-9）。在数控铣床上自定心卡盘的使用方法与数控铣床的相类似，使用 T 形槽螺栓将自定心卡盘固定在机床工作台上即可。

3. 压板

对于大型无法使用机用虎钳或其他夹具装夹时，可采用压板进行装夹，如图 1-3-10 所示。利用 T 形槽螺栓和压板将工件固定在机床工作台上，利用百分表等找正工件即可。装夹工件时，应使垫铁的高度略高于工件，压板螺栓应尽量靠近工件，需根据工件装夹精度要求，压紧力要适中。

图 1-3-8　机用平口钳　　　　图 1-3-9　自定心卡盘　　　　图 1-3-10　螺钉压板

五、数控铣床的对刀

1. 对刀的原理

由于数控铣床按机床坐标系控制机床的运动，而编程人员按工件坐标系编制程序，所以要建立起两种坐标系之间的关系，程序才能正常运行。对刀的目的是为了建立工件坐标系，实际上就是确定工件原点在机床坐标系中的坐标，并将该坐标输入到数控系统相应的存储位置。它是数控加工中最重要操作内容，其准确性将直接影响零件的加工精度。

如图 1-3-11 所示，设工件尺寸：长为 a，宽为 b，高为 c，单位为 mm，刀具半径为 R，将工件原点定在工件上表面的对称中心。

双边对刀也称为分中对刀，X、Y 轴对刀时，采用碰双边法，接触工件两边得到机械坐标值，通过计算可得出对称中心的坐标值。Z 轴对刀时，让刀具底部接触工件上。

计算方法：$X = (X_1 + X_2)/2$，$Y = (Y_1 + Y_2)/2$。

单边对刀，碰单边得到机械坐标值，通过计算可得到中心坐标，也可得到某一条边的坐标值。

计算方法：$X = X_1 + R + a/2$，$Y = Y_1 + R + b/2$ 或者 $X = X_2 - R - a/2$，$Y = Y_2 - R - b/2$。

如果想得到一条边的坐标，可用接触时的机械坐标值加上或减掉半径值 R。

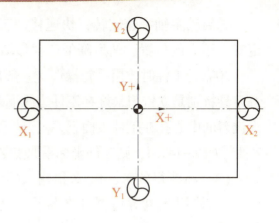

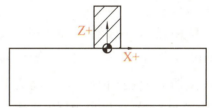

2. 对刀方法

数控铣床的对刀方法有很多，根据使用的对刀工具不同，常用的对刀方法有以下几种。

①试切对刀法。

②塞尺、标准芯棒、块规对刀法。

③采用寻边器、偏心棒和轴设定器等工具。

④转移（间接）对刀法。

⑤百分表（或千分表）对刀法。

⑥专用对刀仪对刀法。

图 1-3-11　对刀原理示意图

试切法对刀——　　　　　试切法对刀——
XY 向对刀　　　　　　　Z 向对刀

1）试切对刀法

试切对刀法是比较常见的对刀方法，该方法简单方便，但会在工件表面留下切削痕迹，且对刀精度较低。以对刀点（此处与工件坐标系原点重合）在工件表面中心位置为例采用双边对刀方式操作步骤如下。

（1）X、Y 向对刀。

①将工件通过夹具装在工作台上，装夹时，工件的四个侧面都应留出对刀的位置。

②启动主轴旋转，快速移动工作台和主轴，让刀具快速移动到靠近工件左侧有一定安全距离的位置，然后降低速度移动至接近工件左侧。

③靠近工件时改用手轮操作（一般用 0.01mm）来靠近，让刀具慢慢接近工件左侧，使刀具恰好接触到工件左侧表面（观察，听切削声音、看切痕、看切屑，只要出现一种情况即表示刀具接触到工件）。记下此时机床坐标系中显示的坐标值，如 X-300.5。

④沿 Z 正方向退刀，至工件表面以上，用同样方法接近工件右侧，记下此时机床坐标系中显示的坐标值，如 -380.500。

⑤据此可得工件坐标系原点在机床坐标系中坐标值为 [-300.5 + (-380.5)]/2 = -340.5。

⑥同样的方法可测得 Y 轴工件坐标系原点在机床坐标系中的坐标值。

（2）Z 向对刀。

①将刀具快速移至工件上方。

②启动主轴中速旋转，快速移动工作台和主轴，让刀具快速移动到靠近工件上表面有一定安全距离的位置，然后降低速度移动让刀具端面接近工件上表面。

③靠近工件时改用手轮操作（一般用0.01mm）来靠近，让刀具端面慢慢接近工件表面（注意刀具特别是立铣刀最好在工件边缘下刀，刀的端面接触工件表面的面积小于半圆，尽量不要使立铣刀的中心孔在工件表面下刀），使刀具端面恰好碰到工件上表面，记下此时机床坐标系中的Z值。如Z-140.4，则工件坐标系原点Z在机床坐标系中的坐标值为-140.400。

（3）将测得的X、Y、Z值输入到机床工件坐标系存储地址G5*中。

2）使用光电寻边器和Z轴设定器等工具对刀

使用光电寻边器（图1-3-12）和Z轴设定器（图1-3-13）操作步骤与采用试切对刀法相似，只是将刀具换成对刀工具。这是最常用的方法，效率高，能保证对刀精度。

使用光电寻边器时必须小心，让其钢球部位与工件轻微接触，此时指示灯亮

图1-3-12 光电寻边器　　图1-3-13 Z轴设定器

起，这时工件必须是良导体，定位基准面有较好的表面粗糙度。注意寻边器不能用于Z轴对刀。

Z轴设定器用于Z轴对刀。

①校准Z轴设定器高度（50mm），将Z轴设定器放置在工件上方。

②主轴安装加工用刀具。用手轮将刀具移动到Z轴设定器上方，慢慢向下移动，将Z轴设定器压至指针零位，此时刀具距离工件上表面50mm。

③切换到坐标系设置界面，将光标移动到G5*工件坐标系，输入Z50.，点击"测量"按键。

任务实施

任务一　安装工件并设置工件坐标系原点

安装平口钳

1. 安装平口钳并装夹工件

（1）将平口钳和机床工作台用棉纱擦拭干净，去除油污和切屑，将平口钳放置于工作台合适位置。安装固定螺栓并预拧紧，施加压力不要过大。

（2）安装百分表至Z轴，用手轮移动机床，将百分表压至平口钳固定钳口的位置，如图1-3-14所示。手轮来回移动X轴，观察百分表指针变化，用橡胶锤敲击平口钳，调整平口钳位置，反复调整直至指针摆动不超过0.01mm。压紧螺栓，再次移动百分表，校准位置，保证平口钳固定钳口与X轴平行。

（3）测量钳口高度，选择合适高度的平行垫铁放置于平口钳导轨上，将工件垫起，伸出钳口高度要保证对刀所需要的高度。夹紧平口钳，并用橡胶锤敲平工件，保证工件水平，如图1-3-15所示。

图 1-3-14　百分表校准平口钳

图 1-3-15　装夹工件

装夹工件毛坯

2. 设定工件坐标系原点

1) 设定工件坐标系 X、Y 轴原点

①安装光电寻边器，切换到"手轮"模式，按 [POS] 键，进入坐标系 界面。

设定工件坐标系原点——
光电寻边器 XY 分中对刀

②手轮模式下将寻边器沿 X 轴快速移动到工件左侧靠近工件中间的位置。Z 轴向下移动至工件上表面以下，距离应大于寻边器钢球的半径，如图 1-3-16 所示。手轮移动寻边器慢慢靠近工件，快要接触工件的时候降低手轮倍率至 0.01mm。继续向工件方向缓慢移动寻边器，仔细观察，当寻边器指示灯亮时，如图 1-3-17 所示，寻边器与工件接触，停止移动。沿 Z 轴抬起，记录 X 轴机械坐标值，切换到相对坐标显示界面，点击右侧键盘 X 键，此时相对坐标系 X 闪烁，点击下方对应"归零"按键如图 1-3-18 所示，将 X 轴相对坐标归零。

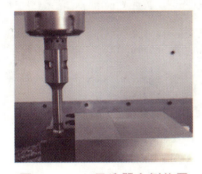

图 1-3-16　寻边器左侧位置

图 1-3-17　指示灯亮

图 1-3-18　相对坐标归零

③沿 Z 轴将寻边器抬高至工件上表面以上，将寻边器沿 X 轴移动到工件的右侧，向下移动至工件上表面以下，如图 1-3-19 所示。手轮移动寻边器慢慢靠近工件，快要接触的时候降低手轮倍率至 0.01mm。继续向工件方向缓慢移动寻边器，仔细观察，当寻边器指示灯亮时，如图 1-3-20 所示，停止 X 方向移动。沿 Z 轴抬起，记录 X 轴相对坐标值，如图 1-3-21 所示（X 相对坐标 100.6）。

④将 X 轴相对坐标值除以 2，移动寻边器至相对坐标的 1/2 处（100.6/2＝50.3），如图 1-3-22 所示，此处即为工件 X 轴的中心。按下 [⊞] 键，切换到工件坐标系设置界面，将光标移动至 G54 坐标系，输入 X0，如图 1-3-23 所示，点击"测量"按键。完成 X 方向坐标系设定。

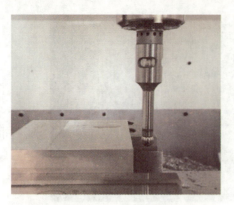

图 1-3-19　寻边器右侧位置

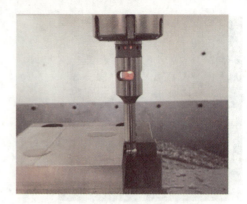

图 1-3-20　指示灯亮

图 1-3-21　X 轴相对坐标值

图 1-3-22　X 轴中间位置

⑤相同的方式设定工件坐标系 Y 轴原点。

2）设定工件坐标系 Z 轴原点

①安装 φ10 立铣刀至主轴，校准 Z 轴设定器，放置在工件上方，将刀具压在 Z 轴设定器上，慢慢压至零位如图 1-3-24 所示。

②按 键，切换到坐标系设置界面，将光标调整到 G54 工件坐标系位置，输入 Z50.，如图 1-3-25 所示，点击"测量"按键，自动输入坐标值，完成 Z 轴对刀。

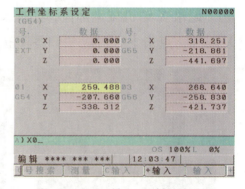

图 1-3-23　输入 X 轴坐标值

图 1-3-24　Z 轴对刀

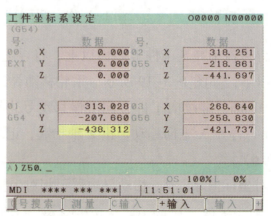

图 1-3-25　Z 轴坐标值输入

设定工件坐标系
原点——Z 轴
设定器对刀

任务二 录入加工程序并模拟刀具轨迹

1. 录入加工程序

按 [图标] 键，切换到编辑模式，点击 [图标] 键，进入程序界面，输入 O0001，如图 1-3-26 所示。按 [图标] 键插入，新建程序。使用屏幕右侧键盘录入程序内容，如图 1-3-27 所示。

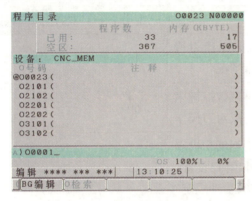

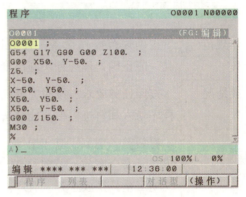

图 1-3-26 新建程序　　　　　　图 1-3-27 录入程序内容

2. 模拟刀具轨迹

（1）将光标调整到程序开始位置。按 [图标] 键切换到自动加工模式，按下机床锁、辅助锁以及空运行键（或者切换到坐标系设置界面，将 00EXT 坐标系中的 Z 值修改为 100.，如图 1-3-28 所示。可将工件坐标系沿 Z 轴抬高 100mm）。

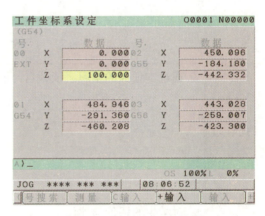

图 1-3-28 坐标系偏置

（2）按 [图标] 键，切换到图形显示界面，按下"循环启动"键自动运行程序，观察屏幕刀具轨迹是否符合要求，如图 1-3-29 所示。

（3）如果图形显示不完整可以按参数键，调整到图形显示参数界面，调整显示参数，如图 1-3-30 所示。

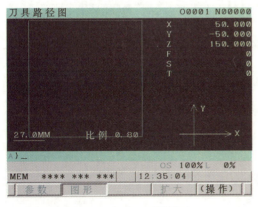

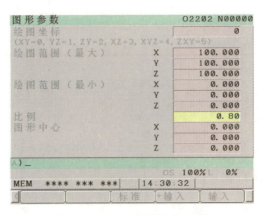

模拟刀具轨迹

图 1-3-29 刀具轨迹　　　　　　图 1-3-30 图形显示参数

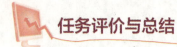

根据任务完成情况，填写任务评价表（表1-3-4）和任务总结表（表1-3-5）。

表1-3-4　任务评价表

任务名称			日期		
评价项目	评价标准		配分	自我评分	教师评分
安全操作规范 15%	正确规范操作设备，任务过程机床无撞刀情况，能正确处理任务实施出现的异常情况		15		
任务完成情况 60%	按照任务要求，按时完成任务。掌握数控铣床程序录入和轨迹模拟。能够按要求完成对刀操作		60		
职业素养 15%	着装整齐规范，遵守纪律，工作中态度积极端正，无安全事故。及时维护、保养和清扫设备。现场工量具摆放整齐、有序。遵守7S管理规定		15		
团队协作 10%	小组成员分工明确，积极参与任务实施。团队协作，共同讨论、交流，解决加工中遇到的问题		10		
合计	100				

表1-3-5　任务总结表

自我总结	通过本任务的学习，谈谈自己的收获和存在的问题： 　　　　　　　　　　　　　　　　学生签名： 　　　　　　　　　　　　　　　　日期：
教师总结	对学生的评价与建议： 　　　　　　　　　　　　　　　　教师签名： 　　　　　　　　　　　　　　　　日期：

外轮廓加工是数控铣床最基本的加工方式，常用于平面或者立体轮廓的加工。外轮廓通常是由直线和圆弧组成，通过本模块的学习可以掌握直线插补和圆弧插补指令的应用，以及如何利用刀具半径补偿功能控制轮廓尺寸精度。掌握数控铣床的操作，学会外轮廓铣削工艺路线的安排和刀具的使用。可为今后掌握更多加工方法奠定基础。

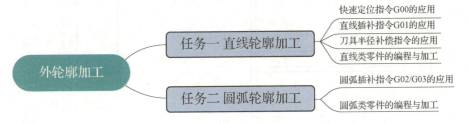

 任务一　直线轮廓加工

 任务目标

【知识目标】

1. 掌握 G01 直线插补指令格式及应用。

2. 掌握 G41/G42 刀具半径补偿指令格式及应用。

【技能目标】

1. 能够完成直线类轮廓的编程和加工。

2. 能够控制轮廓尺寸加工精度。

【素养目标】

1. 具有安全文明生产和遵守操作规程的意识。

2. 具有发现问题和解决问题的能力。

3. 具有工匠精神和精益求精的精神。

任务要求

学校数控实训车间接到一批六边形凸模板的加工任务，零件如图 2-1-1 所示。该任务材料为 2A12 铝合金，毛坯尺寸为 90mm×90mm×25mm。请同学们以小组为单位，根据图纸要求，完成加工任务。

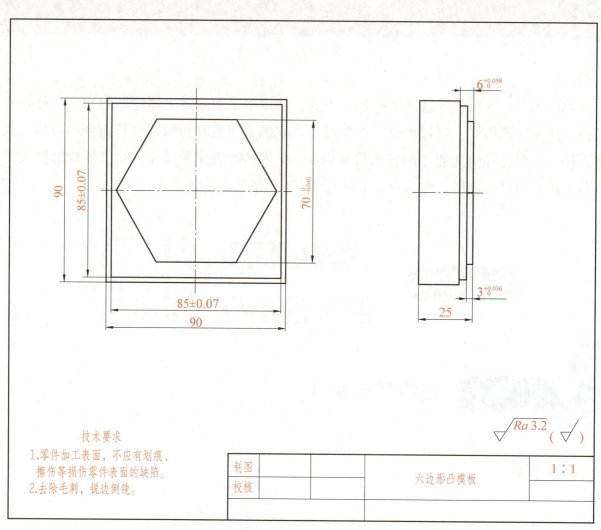

技术要求
1. 零件加工表面，不应有划痕、擦伤等损伤零件表面的缺陷。
2. 去除毛刺，锐边倒钝。

制图			六边形凸模板	1:1
校核				

图 2-1-1　六边形凸模板

任务准备

完成该任务需要准备的实训物品，如表 2-1-1 所示。

表 2-1-1　实训物品清单

序号	种类	名称	规格	数量	备注
1	机床	数控铣床	VMC850 或其他	8 台	

续表

序号	种类	名称	规格	数量	备注
2	参考资料	《数控铣床编程手册》 《数控铣床操作手册》	FANUC 系统	8 本	
3	刀具	立铣刀	ϕ20	8 把	
4	量具	游标卡尺	0~150mm	8 把	
		深度千分尺	0~25mm	8 把	
		外径千分尺	0~25mm	8 把	
		外径千分尺	75~100mm	8 把	
		杠杆百分表	0~0.8mm	8 个	
		寻边器	光电式	8 个	
		Z 轴设定器	高度50mm	8 个	
5	附具	磁力表座		8 个	
		平口钳	6寸或8寸	8 台	
		组合平行垫铁	12 组	8 套	
		橡胶锤		8 把	
		毛刷		8 把	
		修边器		8 把	
6	材料	铝块	90mm×90mm×25mm	8 块	
7	工具车			8 辆	

 **相关知识**

一、坐标平面选择指令 G17、G18、G19

格式：G17；

　　　G18；

　　　G19；

该指令选择一个平面，在此平面中进行圆弧插补和刀具半径补偿。G17 选择 XY 平面，G18 选择 ZX 平面，G19 选择 YZ 平面。G17、G18、G19 为模态功能，可相互注销，G17 为缺省值。

二、绝对值编程指令 G90 与相对值编程指令 G91

格式：G90 G X_　Y_　Z_；

G91 G X_ Y_ Z_ ；

G90 为绝对值编程，每个轴上编程值是相对于程序原点的。G91 为相对值编程，每个轴上编程值是相对于前一位置而言的，该值等于沿轴移动的距离。G90、G91 为模态功能，G90 为缺省值。

举例说明，如图 2-1-2 所示。

G90编程

```
%0001
N1 G92 X0 Y0
N2 G90 G01 X20. Y15.
N3 X40. Y45.
N4 X60. Y25.
N5 X0 Y0
N6 M30
```

G91编程

```
%0002
N1 G91 G01 X20. Y15.
N2 X20. Y30.
N3 X20. Y-20.
N4 X-60. Y-25.
N5 M30
```

图 2-1-2　G90、G91 编程举例

三、快速定位指令 G00

格式：G00　X_ Y_ Z_ ；

G00 快速定位，刀具以快速移动的速度移动到由坐标指定的位置，在 G90 时为终点在工件坐标系中的坐标；在 G91 时为终点相对于起点的位移量。刀具移动的路径有两种方式——非直线定位和直线插补，具体以哪种轨迹运动由系统参数指定，如图 2-1-3 所示。在 G00 指令中的快速移动速度，由机床制造商独立设定［参数（No.1420）］。

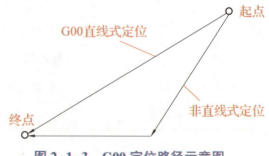

非直线定位、直线插补方式定位示意图

图 2-1-3　G00 定位路径示意图

四、直线插补指令 G01

格式：G01 X_ Y_ Z_ F_ ；

其中，X、Y、Z 为终点，在 G90 时为终点在工件坐标系中的坐标；在 G91 时为终点相对于起点的位移量。

G01 指令刀具从当前位置以 F 指定的速度，沿直线移动到所指定的位置。指定新值前，F 指定的进给速度一直有效，它不需对每个程序段进行指定。G01 和 F 都是模态代码，如果后续的程序段不改变加工的线型和进给速度，可以不再书写这些代码。G01 可由 G00、G02、G03 等功能注销。

举例说明，如图 2-1-4 所示。

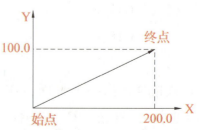

G91 G01 X200.0 Y100.0 F200.0；
刀具以200mm/min的速度，从始点(0，0)移动到终点(200.0，100.0)。

图 2-1-4　直线插补路径

五、刀具半径补偿功能 G40、G41、G42

刀具半径补偿功能就是可以使刀具在相对于编程路径偏移一个刀具半径的轨迹上运动的功能。使用该功能用户只需要根据零件形状来编写加工程序，而不需要考虑刀具半径等因素，系统内部自动根据指定的补偿号计算出补偿向量及刀具中心轨迹，完成加工过程。还可以利用该功能，通过修改半径补偿值来控制刀具偏移量从而达到控制加工精度的目的。

1. 格式

刀具半径补偿开始：$\begin{Bmatrix} G17 \\ G18 \\ G19 \end{Bmatrix} \begin{Bmatrix} G41 \\ G42 \end{Bmatrix} \begin{Bmatrix} G00 \\ G01 \end{Bmatrix}$ X_ Y_ Z_ D_ F_ ;

刀具半径补偿取消：G40 $\begin{Bmatrix} G00 \\ G01 \end{Bmatrix}$ X_ Y_ ;

2. 说明

（1）其中刀补号地址 D 后跟的数值是刀具补偿号，它用来调用内存中刀具半径补偿的数值。

（2）在进行刀具半径补偿前，必须用 G17 或 G18、G19 指定补偿是在哪个平面上进行。在多轴联动控制中，投影到补偿平面上的刀具轨迹将受到补偿，平面选择的切换必须在补偿取消方式进行。

（3）G41 是在相对于刀具前进方向左侧进行补偿，称为左刀补，如图 2-1-5（a）所示。

（4）G42 是在相对于刀具前进方向右侧进行补偿，称为右刀补，如图 2-1-5（b）所示。

（5）G40 是取消刀具半径补偿功能。G40、G41、G42 都是模态代码，可相互注销。

3. 刀具半径补偿功能指令的应用编程举例

如图 2-1-6 所示的刀具半径补偿程序。设加工开始时刀具距离工件表面 50mm，背吃刀量为 10mm。

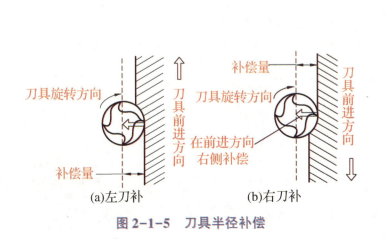

图 2-1-5　刀具半径补偿

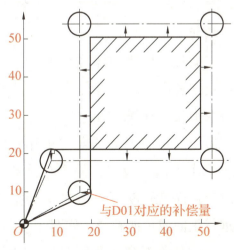

图 2-1-6　刀补编程举例

按增量方式编程。

```
N10 G92 X0. Y0. Z50. ;
N20 G91 G17 G00 ;                由 G17 指定刀补平面
N30 Z-48. M03 S500 ;
N40 G01 Z-12. F200 ;
N50 G41 X20. Y10. D01 ;          由刀补号码 D01 指定刀补——刀补启动
N60 G01 Y40. F100 ;              刀补状态
N70 X30. ;
N80 Y-30. ;
N90 X-40. ;
N100 G40 X-10. Y-20. ;          解除刀补
N110 G00 Z60. M05 ;
N120 M30 ;
```

按绝对方式编程。

```
N10 G92 X0. Y0. Z50. ;
N20 G90 G17 G00 ;                由 G17 指定刀补平面
N30 Z2. M03 S500 ;
N40 G01 Z-10. F200 ;
N50 G41 X20. Y10. D01 ;          启动刀补
N60 G01 Y50. F100 ;              刀补状态
N70 X50. ;
N80 Y20. ;
N90 X10. ;
N100 G40 X0. Y0. ;              解除刀补
N110 G00 Z50. M05 ;
N120 M30 ;
```

六、刀具长度补偿指令的应用

格式

正向长度补偿：G43 Z_ H_ ；

负向长度补偿：G44 Z_ H_ ；

取消长度补偿：G49 ；

假定的理想刀具长度与实际使用的刀具长度之差作为偏置设定在偏置存储器中，该指令不改变程序就可实现对 Z 轴运动指令的终点位置进行正向或负向补偿，如图 2-1-7 所示。

无论是绝对值编程还是增量值编程，当指定 G43 时，程序中 Z 轴移动的终点坐标值加上

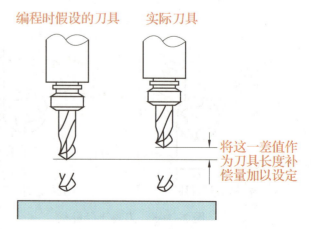

编程时假设的刀具　　实际刀具

将这一差值作为刀具长度补偿量加以设定

图 2-1-7　长度补偿示意图

用 H 代码指定的长度补偿值（在刀补存储器中）作为终点坐标值。当指定 G44 时，程序中 Z 轴移动的终点坐标值减去 H 代码指定的长度补偿值作为终点坐标值。与补偿号 H00 对应的刀具长度补偿值始终为 0，无法设定。执行时刀具长度补偿量为形状补偿量与磨损补偿量之和。当 Z 轴移动省略时，仅仅移动刀具长度补偿值，当补偿值为负值时，移动方向相反。要取消刀具长度补偿时用指令 G49。G43、G44、G49 都是模态代码，可相互注销。

 任务实施

一、任务图纸分析

该任务零件外形为正方形，由两层外轮廓凸台组成。顶层为六边形凸台，底层为正方形凸轮。轮廓尺寸和深度尺寸均有公差要求。表面粗糙度要求为 $Ra3.2$，零件加工完成后需去除加工过程中产生的毛刺，锐边倒钝。

二、制订加工工艺

1. 加工工艺分析

该任务零件外形为方形，可采用平口钳装夹。先加工正方形凸台，再加工六边形凸台。由于尺寸有公差要求，可采用顺铣的方式，加工中注意区分粗精加工，以保证尺寸精度。

2. 选择刀具及切削用量

根据对零件的加工工艺分析，加工正方形外轮廓时，可选用 $\phi20$ 立铣刀，一次走刀可去除周边余量。六边形也选择 $\phi20$ 立铣刀加工，一次走刀可去除轮廓较多余量，可提高加工效率。制订刀具卡片如表 2-1-2 所示。

表 2-1-2 刀具卡片（参考）

刀具号	刀具名称	刀柄型号	直径	补偿号		加工内容	参考切削参数		
				D	H		背吃刀量 a_p/mm	主轴转速 S/(r·min⁻¹)	进给速度 F/(mm·min⁻¹)
01	立铣刀	BT40-ER32-100	$\phi20$	D01		外轮廓	8	900	300

3. 填写工艺卡片

根据加工工艺和选用刀具情况，填写如表 2-1-3 所示工艺卡片。

表 2-1-3　工艺卡片（学生填写）

加工工艺卡片		产品名称	零件名称		零件图号		材料
		工作场地	使用设备和系统			夹具名称	
序号	工步内容	切削用量			刀具		备注
		主轴转速	进给速度	背吃刀量	编号	类型	
1							
2							
3							
4							
编制		审核		批准		日期	

三、程序编制

1. 建立工件坐标系，确定刀具轨迹及点坐标值

根据零件形状和尺寸标注，为方便对刀及编程，选择上表面的对称中心为工件坐标系原点。为保证加工质量，选择顺铣加工路线。

零件的编程原点、刀具走刀路线及点坐标如表 2-1-4 所示。

正方形轮廓采用顺铣的方式铣削，轮廓由直线组成，为避免法向切入侧壁产生刀痕，可将左下角两条边延长至毛坯外侧，作为延长线切入切出，避免法向进刀。从毛坯外侧 A 点下刀，下刀点选择在毛坯外侧，通常距离毛坯大于刀具半径。到 B 点建立刀具半径补偿，沿延长线切入至 D 点，直线插补 E 点，直线插补至 F 点，直线插补至 G 点切出，直线插补至 A 点取消刀具半径补偿，抬刀至安全高度。

六边形轮廓同样采用顺铣的方式加工，将底部边延长至毛坯外侧，作为切入切出直线。先将刀具移动到点 a，下刀至要加工的深度，到 b 点建立刀具半径补偿，依次按照 c→d→e→f →g→h→c 及箭头指示的路线直线插补。直线插补至 i 点切出，直线插补 j 点取消刀具半径补偿，抬刀至安全高度。

表 2-1-4 刀具轨迹及点坐标

加工内容	图 示	坐 标
正方形凸台		工件上表面的对称中心为编程原点 A: X-60. Y-60. B: X-42.5 Y-60. C: X-42.5 Y-42.5. D: X-42.5 Y42.5. E: X42.5 Y42.5. F: X42.5 Y-42.5. G: X-60. Y-42.5.
六边形凸台		a: X60. Y-60. b: X60. Y-35. c: X20.207 Y-35. d: X-20.207 Y-35. e: X-40.415 Y0. f: X-20.207 Y35. g: X20.207 Y35. h: X40.415 Y0. i: X-60. Y-35. j: X-60. Y-60.

2. 编写加工程序

编写零件加工程序如下（参考）。

正方形轮廓程序。

O2101;	程序名
G54 G17 G90 M03 S900;	调用坐标系,绝对值编程,主轴正转
G00 Z150. M08;	抬高至安全高度,切削液开
X-60. Y-60.;	刀具快速移动至下刀点 A
Z5.;	刀具快速定位
G01 Z-6. F300;	下刀至要加工深度
G41 G01 X-42.5 Y-60. D01;	刀具半径左补偿,调用 D01 号补偿值
G01 X-42.5 Y42.5;	直线插补至 D 点,延长线切入
G01 X42.5 Y42.5;	直线插补至 E 点
G01 X42.5 Y-42.5;	直线插补至 F 点
G01 X-60. Y-42.5;	直线插补至 G 点,延长线切出
G40 G01 X-60. Y-60.;	直线插补至 A 点,取消刀具半径补偿
G01 Z5.;	抬刀
G00 Z150.;	快速抬刀至安全高度
M05 M09;	主轴停止,切削液关
M30;	程序结束

六边形轮廓程序。

```
O2102 ;                           程序名
G54 G17 G90 M03 S900;             调用坐标系,绝对值编程,主轴正转
G00 Z150. M08;                    抬高至安全高度,切削液开
X60. Y-60.;                       刀具快速移动至下刀点 a
Z5.;                              刀具快速定位
G01 Z-3. F300;                    下刀至要加工深度
G41 G01 X60. Y-35. D01;           刀具半径左补偿,调用 D01 号补偿值
G01 X-20.207 Y-35.;               直线插补至 d 点,延长切入
G01 X-40.415 Y0.;                 直线插补至 e 点
G01 X-20.207 Y35.;                直线插补至 f 点
G01 X20.207 Y35.;                 直线插补至 g 点
G01 X40.415 Y0.;                  直线插补至 h 点
G01 X20.207 Y-35.;                直线插补至 c 点
G01 X-60. Y-35.;                  直线插补至 i 点,延长线切出
G40 G01 X-60. Y-60.;              直线插补至 j 点,并取消半径补偿
G01 Z5.;                          抬刀
G00 Z150.;                        快速抬刀至安全高度
M05 M09 ;                         主轴停止,切削液关
M30;                              程序结束
```

四、程序录入及模拟轨迹

机床开机,回零,选择"EDIT(编辑)"模式,按 键进入程序界面,依次录入加工程序,如图 2-1-8 所示。切换到自动模式,按机床锁、辅助锁、空运行键,按下 键,进入图形界面,按"循环启动"运行程序,注意观察刀具运行轨迹,检查刀路是否正确,如图 2-1-9 所示。

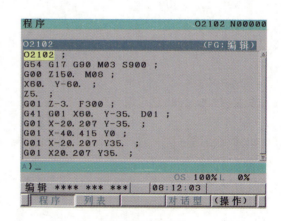

(a)正方形轮廓程序   (b)六边形轮廓程序

图 2-1-8　加工程序

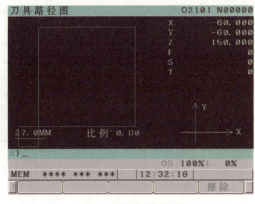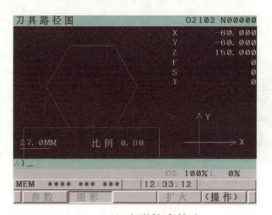

(a) 正方形轮廓轨迹　　　　(b) 六边形轮廓轨迹

图 2-1-9　模拟刀具轨迹

五、加工零件

岗位规范小提示：进入加工实训车间，要严格遵守车间管理规定和机床操作规范，穿戴好防护用品。严禁多人同时操作机床，注意保护人身和设备安全。

1. 装夹零件毛坯

检查机床，开机并回零。安装平口钳并用百分表找正钳口与 X 轴平行度，如图 2-1-10 所示。测量钳口高度，选择合适平行垫铁，垫起工件，伸出钳口大于 10mm，保证工件的水平。夹紧并敲平工件如图 2-1-11 所示。

图 2-1-10　安装平口钳　　　图 2-1-11　装夹工件毛坯

2. 设定工件坐标系原点

安装光电寻边器，切换到"手轮"模式，按 POS 键，进入坐标系界面，切换到相对坐标显示界面。

手轮模式下将寻边器沿 X 轴快速移动到工件左侧靠近工件中间的位置。Z 轴向下移动至工件上表面以下，如图 2-1-12 所示。利用手轮移动寻边器慢慢靠近工件，快要接触工件的时候降低手轮倍率至 0.01mm。继续向工件方向缓慢移动寻边器，仔细观察，当寻边器指示灯亮时如图 2-1-13 所示，寻边器与工件接触，停止移动。沿 Z 轴抬起，将 X 轴相对坐标归零。

将寻边器沿 X 轴移动到工件的右侧，向下移动至工件上表面以下，如图 2-1-14 所示。移动寻边器慢慢靠近工件，快要接触的时候降低手轮倍率至 0.01mm。继续向工件方向缓慢移动寻边器，仔细观察，当寻边器指示灯亮时，如图 2-1-15 所示，停止 X 方向移动。沿 Z 轴抬起，记录 X 轴相对坐标值。

图 2-1-12　Z 轴　　　图 2-1-13　移动寻　　　图 2-1-14　沿 X 轴　　　图 2-1-15　寻边器指
下移　　　　　　　　　边器　　　　　　　　　移动　　　　　　　　　示灯亮

将 X 轴相对坐标值除以 2，移动寻边器至相对坐标的
1/2 处，此处即为工件 X 轴的中心。按下 [OFS/SET] 键，切换到
工件坐标系设置界面，将光标移动至 G54 坐标系，输入
X0，如图 2-1-16 所示，点击"测量"按键。或者将此
处机械坐标值中 X 坐标值输入 G54 的 X 处。完成 X 方向
坐标系原点设定。

按相同的方式设定 Y 方向坐标系原点。

图 2-1-16　输入 X 坐标值

3. 铣正方形凸台

安装 φ20 立铣刀至主轴，校准 Z 轴设定器，放置在
工件上方，将刀具压在 Z 轴设定器上，慢慢压至零位，如图 2-1-17 所示。按 [OFS/SET] 键，切换到
坐标系设置界面，将光标调整到 G54 坐标系 Z 的位置，输入 Z50.，如图 2-1-18 所示，点击
"测量"按键，自动输入坐标值，完成 Z 轴对刀。

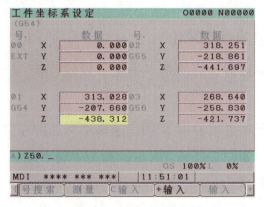

图 2-1-17　Z 轴对刀　　　　　　　　图 2-1-18　Z 轴测量

铣正方形凸台

切换到编辑模式，按 [PROG] 键，切换到程序画面，输入 O2101，按 [↓] 键，调出加工程序，
按 [OFS/SET] 键，切换到刀补设置界面，将 D01 号半径补偿值修改为 10.1，如图 2-1-19 所示，单边
留 0.1mm 精加工余量。切换到自动模式，按"循环启动"键，运行程序完成粗加工。测量外
轮廓尺寸和深度，将 D01 号半径补偿值修改为 10.，深度如有误差，可修改下刀深度。再次自

动运行程序，完成精加工（精加工时，可通过调节主轴倍率和进给倍率，适当提高主轴转速，降低进给速度，以提高轮廓加工精度和表面质量），如图 2-1-20 所示，千分尺测量检测尺寸是否合格。如有误差，可修改刀具半径补偿值，控制加工精度。

注：在不熟练的情况下，运行程序前可按 ⬛ 单步执行键，单段运行程序。每按一下"循环启动"键运行一个程序段，运行完程序暂停，再次按"循环启动"，继续执行下一个程序段。再次按该键可取消单段执行。

图 2-1-19　修改半径补偿值　　　　　图 2-1-20　正方形凸台

4. 铣六边形凸台

调用 O2102 号程序，按 ⬛ 键，切换到刀补设置界面，将 D01 号半径补偿修改为 15.，通过扩大刀具半径补偿值，去除六边形轮廓多余余量。切换到自动模式，按"循环启动"键，运行程序。将 D01 号半径补偿修改为 10.2，单边留 0.2mm 精加工余量，自动运行程序完成粗加工。测量轮廓尺寸和深度尺寸。切换到刀补设置界面，D01 号半径补偿值修改为 10.05，如深度尺寸有误差可修改下刀深度。自动运行程序，完成轮廓半精加工。测量轮廓尺寸，依据测量结果，修改 D01 号半径补偿值。如实际测量结果比理论数值大 0.1，则用 10.05 减去 0.1 的一半，即 D01 = 10.0（原半径补偿值 10.05 减去差值的 1/2 即 0.1/2），再次自动运行程序完成精加工（精加工时可适当提高主轴转速，降低进给速度），如图 2-1-21 所示。用千分尺测量轮廓尺寸和深度是否符合图纸要求，如有误差，可修改刀具半径补偿值和下刀深度再次运行程序，如图 2-1-22 所示。

铣六边形凸台

图 2-1-21　六边形凸台　　　　图 2-1-22　测量尺寸

5. 整理机床

卸下工件，去除加工产生的毛刺。按照车间 7S 管理规定整理工作岗位，清扫机床，刀量具擦净摆放整齐，关闭机床电源，清扫车间卫生。

六、检测零件

各小组依据图纸要求检测零件，并将检测结果填入表2-1-5中。

表 2-1-5　零件检测表

序号	检测项目	检测内容	配分	检测要求	学生自评		老师测评	
					自测	互测	检测	得分
1	宽度	85 ± 0.07 两处	20	超差0.01扣2分				
2	宽度	$70_{-0.046}^{0}$ 三处	30	超差0.01扣2分				
3	深度	$3_{0}^{0.036}$	5	超差0.01扣1分				
4	深度	$6_{0}^{0.058}$	5	超差0.01扣1分				
5	表面粗糙度	$Ra\,3.2$	4	一处不合格扣2分				
6	去除毛刺	是否去除	6	每处扣1分				
7	时间	工件按时完成	10	超时完成不得分				
8	现场操作规范	安全文明操作	10	违反操作规程按程度扣分				
9		工量具使用	5	工量具使用错误，每项扣1分				
10		设备维护保养	5	违反维护保养规程，每项扣1分				
11	合计（总分）		100	机床编号		总得分		
12	开始时间		结束时间		加工时间			

任务评价与总结

根据任务完成情况，填写任务评价表（表2-1-6）和任务总结表（表2-1-7）。

表 2-1-6　任务评价表

任务名称			日期		
评价项目	评价标准		配分	自我评分	教师评分
工艺过程 10%	合理编制工艺过程，刀具选用合理，程序正确，任务实施过程符合工艺要求		10		

续表

评价项目	评价标准	配分	自我评分	教师评分
安全操作规范 15%	正确规范操作设备，加工无碰撞，能正确处理任务实施出现的异常情况。保证人身和设备安全	15		
任务完成情况 50%	按照任务要求，按时完成任务，零件尺寸符合图纸要求。正确完成零件尺寸的检测	50		
职业素养 15%	着装整齐规范，遵守纪律，工作中态度积极端正，严格遵守安全操作规程，无安全事故。工量具摆放整齐有序，任务完成后及时维护、保养、清扫设备，遵守 7S 管理规定	15		
团队协作 10%	小组成员分工明确，积极参与任务实施。团队协作，共同讨论、交流，解决加工中的问题	10		
合计	100			

表 2-1-7　任务总结表

自我总结	通过本任务的学习，谈谈自己的收获和存在的问题： 学生签名： 日期：
教师总结	对学生的评价与建议： 教师签名： 日期：

 任务二　圆弧轮廓加工

 任务目标

【知识目标】

1. 掌握 G02/G03 圆弧插补指令的格式及应用。

2. 掌握圆弧类轮廓的编程。

【技能目标】

　1. 能够完成外轮廓的加工。

　2. 能够保证零件的尺寸精度。

【素养目标】

　1. 具有安全文明生产和遵守操作规程的意识。

　2. 具有与人交往和团队协作能力。

　3. 具有工匠精神和精益求精的精神。

 任务要求

　　学校数控实训车间接到一批凸轮模板的加工任务，零件如图 2-2-1 所示。该任务材料为 2A12 铝合金，毛坯尺寸为 90mm×90mm×25mm。请同学们以小组为单位，根据图纸要求，完成加工任务。

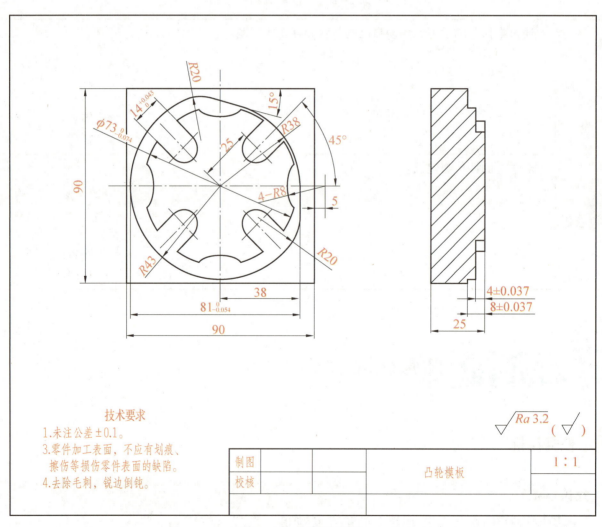

图 2-2-1　凸轮模板

 **任务准备**

完成该任务需要准备的实训物品，如表 2-2-1 所示。

表 2-2-1　实训物品清单

序号	种类	名称	规格	数量	备注
1	机床	数控铣床	VMC850 或其他	8 台	
2	参考资料	《数控铣床编程手册》《数控铣床操作手册》	FANUC 系统	8 本	
3	刀具	立铣刀	φ20	8 把	
		立铣刀	φ12	8 把	
4	量具	游标卡尺	0～150mm	8 把	
		深度游标卡尺	0～150mm	8 把	
		内测千分尺	0～25mm	8 把	
		外径千分尺	0～25mm	8 把	
		外径千分尺	50～75mm	8 把	
		外径千分尺	75～100mm	8 把	
		杠杆百分表	0～0.8mm	8 个	
		寻边器	光电式	8 个	
		Z 轴设定器	高度 50mm	8 个	
5	附具	磁力表座		8 个	
		平口钳	6 寸或 8 寸	8 台	
		组合平行垫铁	12 组	8 套	
		橡胶锤		8 把	
		毛刷		8 把	
		修边器		8 把	
6	材料	铝块	90mm×90mm×25mm	8 块	
7	工具车			8 辆	

 相关知识

圆弧插补指令 G02/G03 的应用

1. FANUC 数控系统 G02/G03 指令格式

XY 平面的圆弧：

$$G17\begin{Bmatrix}G02\\G03\end{Bmatrix}X\_\quad Y\_\begin{Bmatrix}R\_\\I\_\ J\_\end{Bmatrix}F\_\ ;$$

ZX 平面的圆弧：

$$G18\begin{Bmatrix}G02\\G03\end{Bmatrix}Z\_\quad X\_\begin{Bmatrix}R\_\\K\_\ I\_\end{Bmatrix}F\_\ ;$$

YZ 平面的圆弧：

$$G19\begin{Bmatrix}G02\\G03\end{Bmatrix}Y\_\quad Z\_\begin{Bmatrix}R\_\\J\_\ K\_\end{Bmatrix}F\_\ ;$$

相关指令说明如表 2-2-2。

表 2-2-2　相关指令说明

项目	指定内容	命令	描述
1	平面指定	G17	指定 X、Y 平面上的圆弧
		G18	指定 Z、X 平面上的圆弧
		G19	指定 Y、Z 平面上的圆弧
2	插补方向	G02	顺时针方向圆弧插补（CW）
		G03	逆时针方向圆弧插补（CCW）
3	终点位置或距离	X_ Y_ Z_ 中的两轴	绝对坐标系中的终点位置
		G91 下 X_ Y_ Z_ 中的两轴	从起点坐标到终点坐标的距离
4	圆心位置或半径	I	X 轴从起点坐标到圆心的距离
		J	Y 轴从起点坐标到圆心的距离
		K	Z 轴从起点坐标到圆心的距离
		R	圆弧半径
5	进给速度	F	沿圆弧的进给速度

（1）圆弧插补的方向，G02/G03 指令使刀具沿圆弧运动，所谓顺时针（G02）和逆时针（G03）是指在右手直角坐标系中，对于 XY 平面（ZX 平面、YZ 平面）从 Z 轴（Y、X 轴）的正方向往负方向看而言，如图 2-2-2 所示。

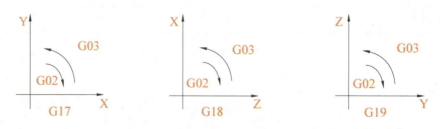

图 2-2-2　顺时针、逆时针判断

（2）圆弧上的移动量，X、Y、Z 为圆弧终点坐标值，G90 指令下表示绝对值，如果采用增量坐标方式 G91，X、Y、Z 表示圆弧终点相对于圆弧起点在各坐标轴方向上的增量。

（3）相较于 X、Y、Z 轴，圆弧中心用 I、J、K 来表示。I、J、K 表示圆弧圆心相对于圆弧起点在 X、Y、Z 各坐标轴方向上的增量，与 G90 或 G91 的定义无关，如图 2-2-3 所示。I0、J0、K0 可以忽略。

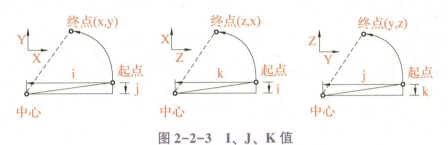

图 2-2-3　I、J、K 值

（4）R 是圆弧半径，当圆弧所对应的圆心角为 0°～180°时，R 取正值；圆心角为 180°～360°时，R 取负值，如图 2-2-4 所示。

①的圆弧（小于等于 180°）指令为：G91 G02 X60.0 Y55.0 R50.0 F300；

②的圆弧（大于等于 180°）指令为：G91 G02 X60.0 Y55.0 R-50.0 F300；

（5）I、J、K 的值为零时可以省略，整圆编程时不可以使用 R，只能用 I、J、K。当忽略所有圆弧上的移动量（X、Y、Z），则终点与起点位置相同，若用 I、J、K 指定圆形，则指定的是一个整圆。

（6）圆弧插补的进给速度为由 F 代码指定的切削进给速度。沿圆弧的进给速度（圆弧的切线方向速度）被控制为指定的进给速度。

2. 编程举例

（1）圆弧编程

如图 2-2-5 所示，设起刀点在坐标原点 O，使用绝对坐标与增量坐标方式编程。

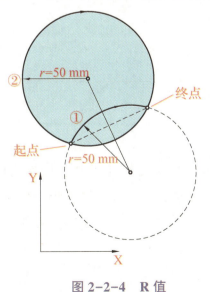

图 2-2-4　R 值

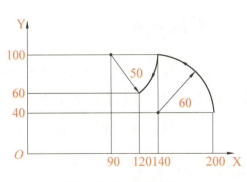

图 2-2-5　圆弧编程

绝对坐标编程。

```
G90 G00 X200.Y40.;
G03 X140.Y100.I-60.(或 R60.) F100;
G02 X120.Y60.I-50.(或 R50.);
```

增量坐标编程。

```
G91 G00 X200.Y40.;
G03 X-60.Y60.I-60.(或 R60.)F100;
G02 X-20.Y-40.I-50.(或 R50.);
```

（2）整圆编程

如图 2-2-6 所示，从 A 点顺时针一周时。

G90 时：

```
G90 G02 (X30.Y0.) I-30.(J0) F100;
```

G91 时：

```
G91 G02 (X0.Y0.) I-30.(J0) F100;
```

从 B 点逆时针一周时。

G91 时：

```
G91 G03 (X0.Y0.I0.) J30.F100;
```

G90 时：

```
G90 G03 (X0.Y-30.I0.) J30.F100;
```

其中（ ）内的内容可以省略。

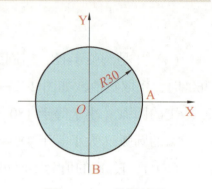

图 2-2-6 整圆编程

 任务实施

一、任务图纸分析

该任务零件外形为正方形，由两层外轮廓凸台组成。顶层为槽轮形状，底层为凸轮形状。凸轮外轮廓和深度方向尺寸均有公差要求。表面粗糙度要求为 Ra3.2，零件加工完成后需去除加工过程中产生的毛刺，锐边倒钝。

二、制订加工工艺

1. 加工工艺分析

该任务零件外形为方形，可采用平口钳装夹。先加工凸轮形状的凸台，去除较多余量，再加工槽轮凸台。由于尺寸有公差要求，可采用顺铣的方式，加工中注意区分粗精加工，以保证尺寸精度。

2. 选择刀具及切削用量

根据对零件的加工工艺分析，加工凸轮外轮廓时为提高加工效率，可选用 $\phi20$ 立铣刀，一次走刀可去除较多余量。槽轮轮廓由于槽宽为 14，选用 $\phi12$ 立铣刀。制订刀具卡片如表 2-2-3 所示。

表 2-2-3　刀具卡片（参考）

刀具号	刀具名称	刀柄型号	直径	补偿号 D	补偿号 H	加工内容	参考切削参数 背吃刀量 a_p/mm	参考切削参数 主轴转速 S/(r·min^{-1})	参考切削参数 进给速度 F/(mm·min^{-1})
01	立铣刀	BT40-ER32-100	$\phi20$	D01		凸轮	8	900	300
02	立铣刀	BT40-ER32-100	$\phi12$	D02		槽轮	4	1200	200

3. 填写工艺卡片

根据加工工艺和选用刀具情况，填写如表 2-2-4 所示工艺卡片。

表 2-2-4　工艺卡片（学生填写）

加工工艺卡片	产品名称	零件名称	零件图号	材料
	工作场地	使用设备和系统		夹具名称

序号	工步内容	切削用量 主轴转速	切削用量 进给速度	切削用量 背吃刀量	刀具 编号	刀具 类型	备注
1							
2							
3							
4							
编制		审核		批准		日期	

三、程序编制

1. 建立工件坐标系，确定刀具轨迹及点坐标值

根据零件形状和尺寸标注，为方便对刀及编程，选择上表面的对称中心为工件坐标系原点。为保证加工质量，选择顺铣加工路线。

零件的编程原点、刀具走刀路线及点坐标如表 2-2-5 所示。

凸轮轮廓采用顺铣的方式铣削，轮廓由圆弧组成，可采用圆弧切入切出的走刀路线，避免法向进刀，在轮廓凸台侧壁产生刀痕。从毛坯外侧 A 点下刀，下刀点选择在毛坯外侧，距离毛坯大于刀具半径。到 B 点建立刀具半径补偿，圆弧切入 C 点，切入圆弧半径需大于刀具半径补偿值。依次按照 D→E→F→G→H→I→C 的路线走刀。圆弧切出至 J 点，直线插补至 A 点并取消刀具半径补偿，抬刀至安全高度。

槽轮轮廓同样采用顺铣的方式加工，先将刀具移动到点 a，下刀至要加工的深度，到 b 点建立刀具半径补偿，圆弧插补至 c 点切入。依次按照 c→d→e→f→g→h→i 及箭头指示的路线走刀。当刀具再次走到 c 点，圆弧切出至 j 点，直线插补至 a 点取消刀具半径补偿，抬刀至安全高度。

表 2-2-5　刀具轨迹及点坐标

加工内容	图　示	坐　标
凸轮		工件上表面的对称中心为编程原点 A：X0. Y-65. B：X15. Y-58. C：X0. Y-43. D：X-17.146 Y39.434 E：X-3.995 Y40.411 F：X9.835 Y36.705 G：X38. Y0. H：X38. Y-14.318 I：X33.652 Y-26.768 J：X-15. Y-58.
槽轮		a：X0. Y-55. b：X8. Y-40. c：X0. Y-32. d：X-10.073 Y-35.082 e：X-20.381 Y-30.28 f：X-12.728 Y-22.627 g：X-22.627 Y-12.728 h：X-30.28 Y-20.381 i：X-35.082 Y-10.073 j：X-8. Y-40.

2. 编写加工程序

编写零件加工程序如下（参考）。

凸轮轮廓程序。

O2201;	程序名
G54 G17 G90 M03 S900;	调用坐标系,绝对值编程,主轴正转
G00 Z150. M08;	抬高至安全高度,切削液开
X0. Y-65.;	刀具快速移动至下刀点 A
Z5.;	刀具快速定位
G01 Z-8. F300;	下刀至要加工深度
G41 G01 X15. Y-58. D01;	建立刀具半径补偿,调用 D01 号补偿值
G03 X0. Y-43. R15.;	逆时针圆弧插补至 C 点切入
G02 X-17.146 Y39.434 R43.;	顺时针圆弧插补至 D 点
G02 X-3.995 Y40.411 R20.;	顺时针圆弧插补至 E 点
G01 X9.835 Y36.705;	直线插补至 F 点
G02 X38. Y0. R38.;	顺时针圆弧插补至 G 点
G01 X38. Y-14.318;	直线插补至 H 点
G02 X33.652 Y-26.768 R20.;	顺时针圆弧插补至 I 点
G02 X0. Y-43. R43.;	顺时针圆弧插补至 C 点
G03 X-15. Y-58. R15.;	逆时针圆弧插补至 J 点切出
G40 G01 X0. Y-65.;	直线插补至 A 点,取消刀具半径补偿
G01 Z5.;	抬刀
G00 Z150.;	快速抬刀至安全高度
M05 M09;	主轴停止,切削液关
M30;	程序结束

槽轮轮廓程序。

O2202;	程序名
G54 G17 G90 M03 S1200;	调用坐标系,绝对值编程,主轴正转
G00 Z150. M08;	抬高至安全高度,切削液开
X0. Y-55.;	刀具快速移动至下刀点 a
Z5.;	刀具快速定位
G01 Z-4. F200;	下刀至要加工深度
G41 G01 X8. Y-40. D02;	建立刀具半径补偿,调用 D02 号补偿值
G03 X0. Y-32. R8.;	逆时针圆弧切入至 c 点
G03 X-10.073 Y-35.082 R18.;	逆时针圆弧插补至 d 点
G02 X-20.381 Y-30.28 R36.5;	顺时针圆弧插补至 e 点
G01 X-12.728 Y-22.627;	直线插补至 f 点
G03 X-22.627 Y-12.728 R7.;	逆时针圆弧插补至 g 点
G01 X-30.28 Y-20.381;	直线差补至 h 点
G02 X-35.082 Y-10.073 R36.5;	顺时针圆弧插补至 i 点
G03 X-35.082 Y10.073 R18.;	
G02 X-30.28 Y20.381 R36.5;	

```
G01 X-22.627 Y12.728;
G03 X-12.728 Y22.627 R7.;
G01 X-20.381 Y30.28;
G02 X-10.073 Y35.083 R36.5;
G03 X10.073 Y35.082 R18.;
G02 X20.381 Y30.28 R36.5;
G01 X12.728 Y22.627;
G03 X22.627 Y12.728 R7.;
G01 X30.28 Y20.381;
G02 X35.082 Y10.073 R36.5;
G03 X35.082 Y-10.073 R18.;
G02 X30.28 Y-20.381 R36.5;
G01 X22.627 Y-12.728;
G03 X12.728 Y-22.627 R7.;
G01 X20.381 Y-30.28;
G02 X10.073 Y-35.082 R36.5;
G03 X0. Y-32. R18.;
G03 X-8. Y-40. R8.;                 圆弧插补至 j 点切出
G40 G01 X0. Y-55.;                  直线插补至 a 点,并取消半径补偿
G01 Z5.;                            抬刀
G00 Z150.;                          快速抬刀至安全高度
M05 M09;                            主轴停止,切削液关
M30;                                程序结束
```

四、程序录入及模拟轨迹

机床开机,回零,选择"EDIT(编辑)"模式,按 ⊡ 键进入程序界面,依次录入加工程序。切换到自动模式,按机床锁、辅助锁、空运行键,按下 ⊡ 键,进入图形界面,按"循环启动"运行程序,注意观察刀具运行轨迹,检查刀路是否正确,如图 2-2-7 所示。

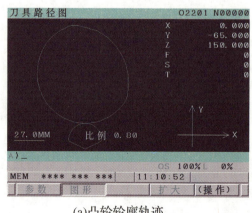
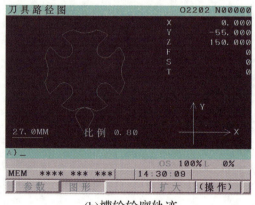

(a)凸轮轮廓轨迹　　　　　　　　(b)槽轮轮廓轨迹

图 2-2-7　模拟刀具轨迹

五、加工零件

岗位规范小提示：进入加工实训车间，要严格遵守车间管理规定和机床操作规范，穿戴好防护用品。严禁多人同时操作机床，注意保护人身和设备安全。

1. 装夹零件毛坯

检查机床，开机并回零。安装并找正平口钳。测量钳口高度，选择合适平行垫铁，垫起工件，伸出钳口大于 10mm，保证工件的水平。夹紧并敲平工件如图 2-2-8 所示。

2. 设定工件坐标系原点

安装寻边器，以分中的方式将工件毛坯的对称中心设定为 G54 工件坐标系 X、Y 轴原点。

图 2-2-8 装夹工件毛坯

3. 铣凸轮轮廓凸台

安装 φ20 立铣刀至主轴，校准 Z 轴设定器，放置在工件上方，将毛坯上表面设定为 G54 工件坐标系 Z 轴原点。

铣凸轮轮廓凸台

调用 O2201 号程序，按 键，切换到刀补设置界面，将 D01 号半径补偿值修改为 10.1，如图 2-2-9 所示，单边留 0.1mm 精加工余量。切换到自动模式，按"循环启动"键，运行程序完成粗加工。测量外轮廓尺寸和深度，将 D01 号半径补偿值修改为 10.0，深度如有误差，可修改下刀深度。再次自动运行程序，完成精加工，如图 2-2-10 所示。

4. 铣槽轮轮廓凸台

安装 φ12 立铣刀至主轴，使用 Z 轴设定器重新设定 G54 工件坐标系 Z 轴原点。

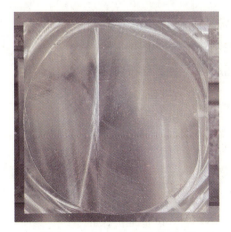

铣槽轮轮廓凸台

图 2-2-9 修改半径补偿值　　　　图 2-2-10 凸轮轮廓凸台

调用 O2202 号程序，按 键，切换到刀补设置界面，将 D02 号半径补偿值修改为 6.1，单边留 0.1mm 精加工余量。切换到自动模式，按"循环启动"键，运行程序完成粗加工。测量轮廓尺寸和深度尺寸。切换到刀补设置界面，修改 D02 号半径补偿值，修改为 6.05，如深度尺寸有误差可修改下刀深度。自动运行程序，完成轮廓半精加工。测量轮廓尺寸，依据测量结果，修改 D02 号半径补偿值，完成精加工，如图 2-2-11 所示。

5. 整理机床

卸下工件，去除加工产生的毛刺。按照车间 7S 管理规定整理工作岗位，清扫机床，刀量具擦净摆放整齐，关闭机床电源，清扫车间卫生。

六、检测零件

图 2-2-11　槽轮轮廓凸台

各小组依据图纸要求检测零件，并将检测结果填入表 2-2-6 中。

表 2-2-6　零件检测表

序号	检测项目	检测内容	配分	检测要求	学生自评		老师测评	
					自测	互测	检测	得分
1	直径	$\phi73_{-0.074}^{0}$	10	超差 0.01 扣 2 分				
2	槽宽	$14_{0}^{+0.043}$ 四处	10	超差 0.01 扣 2 分				
3	宽度	$81_{-0.054}^{0}$	10	超差 0.01 扣 2 分				
4	深度	4 ± 0.037	5	超差 0.01 扣 1 分				
5	深度	8 ± 0.037	5	超差 0.01 扣 1 分				
6	半径	$R8$ 四处	8	超差 0.1 扣 2 分				
7	半径	$R20$	4	超差 0.1 扣 2 分				
8	半径	$R43$	4	超差 0.1 扣 2 分				
9	半径	$R38$	4	超差 0.1 扣 2 分				
10	表面粗糙度	$Ra3.2$	4	一处不合格扣 2 分				
11	去除毛刺	是否去除	6	每处扣 1 分				
12	时间	工件按时完成	10	超时完成不得分				
13	现场操作规范	安全文明操作	10	违反操作规程按程度扣分				
14		工量具使用	5	工量具使用错误，每项扣 1 分				
15		设备维护保养	5	违反维护保养规程，每项扣 1 分				
16	合计（总分）		100	机床编号		总得分		
17	开始时间		结束时间		加工时间			

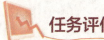 **任务评价与总结**

根据任务完成情况，填写任务评价表（表 2-2-7）和任务总结表（表 2-2-8）。

表 2-2-7 任务评价表

任务名称		日期		
评价项目	评价标准	配分	自我评分	教师评分
工艺过程 10%	合理编制工艺过程，刀具选用合理，程序正确，任务实施过程符合工艺要求	10		
安全操作规范 15%	正确规范操作设备，加工无碰撞，能正确处理任务实施出现的异常情况。保证人身和设备安全	15		
任务完成情况 50%	按照任务要求，按时完成任务，零件尺寸符合图纸要求。正确完成零件尺寸的检测	50		
职业素养 15%	着装整齐规范，遵守纪律，工作中态度积极端正，严格遵守安全操作规程，无安全事故。工量具摆放整齐有序，任务完成后及时维护、保养、清扫设备，遵守 7S 管理规定	15		
团队协作 10%	小组成员分工明确，积极参与任务实施。团队协作，共同讨论、交流，解决加工中的问题	10		
合计	100			

表 2-2-8 任务总结表

自我总结	通过本任务的学习，谈谈自己的收获和存在的问题： 学生签名： 日期：
教师总结	对学生的评价与建议： 教师签名： 日期：

内轮廓加工主要是槽、型腔等封闭轮廓的铣削，使用键槽铣刀、立铣刀等不同刀具加工出图纸要求的形状和尺寸。通过该模块的学习，可以掌握常见的槽和型腔轮廓的编程与加工方法，掌握坐标旋转、子程序调用等指令的应用和简化编程的方法。

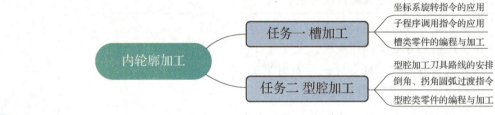

 任务一　槽加工

 任务目标

【知识目标】

1. 掌握坐标系旋转指令和子程序调用的使用方法。

2. 掌握槽类零件的编程方法。

【技能目标】

1. 能够根据槽的类型选择合适的加工工艺。

2. 能够保证槽类零件的尺寸精度。

【素养目标】

1. 具有安全文明生产和遵守操作规程的意识。

2. 具有分析问题、解决问题的能力。

3. 具有工匠精神和良好的职业素养。

任务要求

学校数控实训车间接到一批多槽板的加工任务,零件如图 3-1-1 所示。该任务材料为 2A12 铝合金,毛坯尺寸为 90mm×90mm×25mm。请同学们以小组为单位,根据图纸要求,完成加工任务。

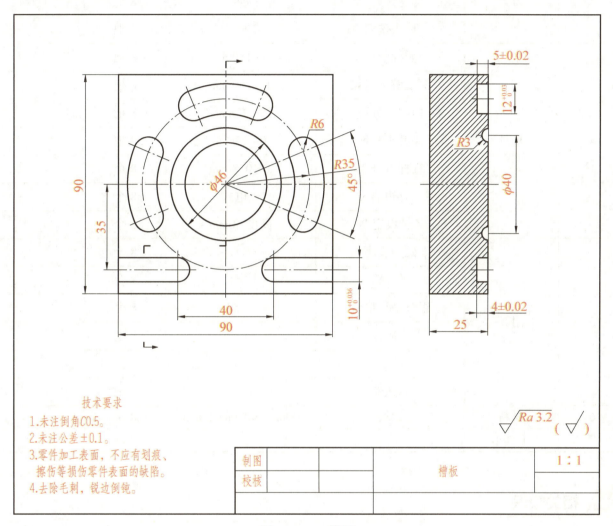

技术要求
1.未注倒角C0.5。
2.未注公差±0.1。
3.零件加工表面,不应有划痕、擦伤等损伤零件表面的缺陷。
4.去除毛刺,锐边倒钝。

$\sqrt{Ra\ 3.2}$ ($\sqrt{\ }$)

制图					1:1
校核			槽板		

图 3-1-1 槽板

任务准备

完成该任务需要准备的实训物品如表 3-1-1 所示。

表 3-1-1 实训物品清单

序号	种类	名称	规格	数量	备注
1	机床	数控铣床	VMC850 或其他	8 台	

续表

序号	种类	名称	规格	数量	备注
2	参考资料	《数控铣床编程手册》《数控铣床操作手册》	FANUC 系统	8 本	
3	刀具	键槽铣刀	$\phi10$	8 把	
		立铣刀	$\phi8$	8 把	
		球头铣刀	$R3$	8 把	
4	量具	游标卡尺	0~150mm	8 把	
		深度游标卡尺	0~150mm	8 把	
		内测千分尺	0~25mm	8 把	
		深度千分尺	0~25mm	8 把	
		杠杆百分表	0~0.8mm	8 个	
		寻边器	光电式	8 个	
		Z 轴设定器	高度 50mm	8 个	
5	附具	磁力表座		8 个	
		平口钳	6 寸或 8 寸	8 台	
		组合平行垫铁	12 组	8 套	
		橡胶锤		8 把	
		毛刷		8 把	
		修边器		8 把	
6	材料	铝块	90mm×90mm×25mm	8 块	
7	工具车			8 辆	

 相关知识

一、主程序和子程序的应用

1. 主程序

数控系统的加工程序有主程序和子程序之分。通常系统是按主程序的指令运行的，如果主程序运行过程中遇有调用子程序的指令，则系统按子程序运行，在子程序中遇到返回主程序的指令时，系统便返回主程序继续执行，如图 3-1-2 所示。

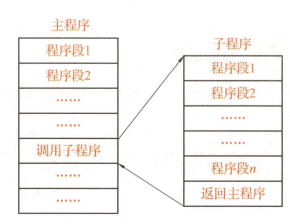

图 3-1-2　主程序与子程序的运行过程

2. 子程序的应用

在程序中存在某一些固定顺序且重复出现的指令时,比如某一确定的轮廓形状,便可把它们作为子程序事先存到存储器中,这样可以使程序变得非常简单。

子程序可分为用户子程序和系统制造商所固化的子程序（即系统子程序）两种。用户子程序是机床用户根据实际需要所编写的子程序;系统子程序是系统制造商固化在数控系统内部的加工循环程序。本任务所用的子程序为用户子程序。

3. 子程序的构成（如图 3-1-3 所示）

程序号:子程序的程序号与主程序相同,以字母 O 开头,后面加四位正整数,范围为 0001～9999,程序号要求单独一段列出,且不能与其他程序重名。

子程序结束:子程序用 M99 指令表示程序结束并自动返回主程序。

一个子程序
O□□□□   子程序号(或在ISO情况下用冒号(:))
⋮
⋮
M99   程序结束
M99不必作为独立的程序段指令,如下所示。
例: X100.0 Y100.0 M99;

图 3-1-3 子程序构成

4. 子程序调用

1）调用子程序

FANUC 数控系统通过 M98 指令调用子程序,并通过地址 P 后的八位数字指定调用次数及子程序号,其中前四位数字为重复调用次数,调用次数前的 0 可以省略。如果省略了重复次数,则认为重复次数为 1 次。后四位数字为子程序号,子程序号前的 0 不可省略。

编程举例。

M98 P0001;　　调用子程序 O0001 运行 1 次。

M98 P200010;　　调用子程序 O0010 运行 20 次。

2）程序嵌套

子程序不仅可以从主程序中调用,也可以从其他子程序中调用,这个过程称为子程序的嵌套,如图 3-1-4 所示。FANUC 数控系统子程序的嵌套级数为 4 级。

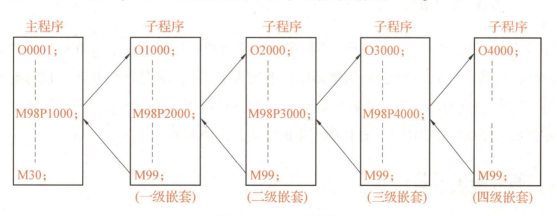

图 3-1-4 程序嵌套

二、坐标旋转指令的应用

使用坐标旋转指令，可将工件旋转某一指定的角度，以便于加工在位置上需要旋转的工件。另外如果工件的形状有多个相同的图形圆周排列组成，可先将图形单元编成子程序，然后用主程序的旋转指令调用。这样可节省编程时间和系统存储空间。如图 3-1-5 所示。

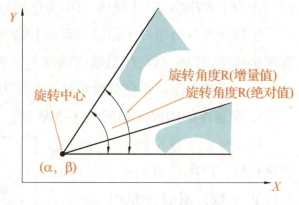

图 3-1-5　坐标旋转

1. 指令格式

G68　α_ β_ R_ ；

G69；

2. 指令说明

（1）应在 G68 程序段前指定平面，不能在 G68 程序段中指定平面选择代码。

（2）其中，（α、β）是由 G17，G18 或 G19 定义的旋转中心的坐标值，当没有指定旋转中心时，旋转中心默认为指令 G68 时的刀具位置。

（3）R 为旋转角度，遵循右手法则，顺时针为正，逆时针为负。回转角度根据当前编程处于绝对方式还是增量方式，来确定是绝对值还是增量值。初始角度为绝对值 0 度。当在旋转角度指令（ R_ ）中使用小数点时，小数点的位置以度为单位。

（4）G68 为坐标旋转功能，G69 为取消坐标旋转功能，在 G69 后的第一个移动必须是绝对值方式指定，如果用增量值指令，将不会执行正确的移动。

（5）在有刀具补偿的情况下，先进行坐标旋转，然后才进行刀具半径补偿。

 任务实施

一、任务图纸分析

该任务零件外形为方形，由若干个不同类型的槽组成。中间有一个 $\phi 40$ 的环形槽，截面形状为 R3 圆弧状。三个呈 90° 分布的腰形槽，宽度为 $12_{0}^{+0.03}$，深度为 5±0.02。底部有两个对称的开放直槽，宽度为 $10_{0}^{+0.036}$，深度为 4±0.02。表面粗糙度要求为 Ra3.2，未标注尺寸公差 ±0.1。零件加工完成后需去除加工过程中产生的毛刺，锐边倒钝。

二、制订加工工艺

1. 加工工艺分析

该任务零件外形为方形，可采用平口钳装夹。先加工三个腰形槽，由于尺寸有公差要求，可采用顺铣的方式，沿槽轮廓切削加工。然后再加工两个对称的直槽。最后加工环形槽。加工中注意区分粗精加工，以保证尺寸精度。

2. 选择刀具及切削用量

根据对零件的加工工艺分析，加工腰形槽时由于槽宽为 12 并且有尺寸精度要求，选用 $\phi10$ 立铣刀。底部对称直槽宽度为 10，可选用 $\phi8$ 立铣刀加工。环形槽截面为 $R3$ 圆弧形，可选用 $R3$ 球头铣刀加工。制订刀具卡片如表 3-1-2 所示。

表 3-1-2　刀具卡片（参考）

刀具号	刀具名称	刀柄型号	直径	补偿号 D	补偿号 H	加工内容	背吃刀量 a_p/mm	主轴转速 $S/(\text{r} \cdot \text{min}^{-1})$	进给速度 $F/(\text{mm} \cdot \text{min}^{-1})$
01	键槽铣刀	BT40-ER32-100	$\phi10$	D01		腰形槽	5	1200	200
02	立铣刀	BT40-ER32-100	$\phi8$	D02		直槽	4	1200	200
03	球头铣刀	BT40-ER32-50	$R3$			环形槽	3	1500	200

3. 填写工艺卡片

根据加工工艺和选用刀具情况，填写如表 3-1-3 所示工艺卡片。

表 3-1-3　工艺卡片（学生填写）

加工工艺卡片	产品名称	零件名称	零件图号	材料
	工作场地	使用设备和系统		夹具名称

序号	工步内容	切削用量 主轴转速	切削用量 进给速度	切削用量 背吃刀量	刀具 编号	刀具 类型	备注
1							
2							
3							
4							
编制		审核		批准		日期	

三、程序编制

1. 建立工件坐标系，确定刀具轨迹及点坐标值

根据零件形状和尺寸标注，为方便对刀及编程，选择上表面的对称中心为工件坐标系原点。为保证加工质量，选择顺铣加工路线。

零件的编程原点、刀具走刀路线及点坐标如表 3-1-4 所示。

三个腰形槽呈 90°分布，可采用坐标系旋转加调用子程序的方式编程。可将右侧腰形槽的加工程序作为子程序，将坐标系旋转 0°、90°、180°分别调用子程序完成加工，可简化编程。右侧腰形槽加工时首先将刀具定位到 A 点，然后下刀至要加工的深度，直线插补至 B 点建立刀具半径补偿，依次按照 B→C→D→E→B 和箭头指示的方向切削整个轮廓，为避免轮廓起始点发生欠切的情况，再次切削至 C 点，直线插补至 A 点取消刀具半径补偿。抬刀至安全高度。

底部直槽加工轨迹，将刀具定位到毛坯外侧 a 点（距毛坯距离应大于刀具半径值），下刀至要加工的深度，直线插补至 b 点建立刀具半径补偿，依次按照 b→c→d→e 和箭头指示的方向切削，直线插补至 a 点取消刀具半径补偿，抬刀至安全高度。同样的路线加工另一侧直槽。

中间 $\phi 40$ 环形槽刀具轨迹以 1 点为起点，下刀至要加工的深度，顺时针插补整圆，抬刀至安全高度。

表 3-1-4　刀具轨迹及点坐标

加工内容	图　示	坐　标
槽		A：X32.336 Y13.394 B：X37.879 Y15.69 C：X26.79 Y11.098 D：X26.79 Y-11.098 E：X37.879 Y15.69 a：X-55. Y-35. b：X-55. Y-40. c：X-20. Y-40. d：X-20. Y-30. e：X-55. Y-30. f：X55. Y-35. g：X55. Y-30. h：X20. Y-30. i：X20. Y-40. j：X55. Y-40. 1：X20. Y0.

2. 编写加工程序

编写零件加工程序如下（参考）。

腰形槽程序。

```
主程序
O3101;                               程序名
G54 G17 G90 M03 S1200;               调用坐标系,绝对值编程,主轴正转
G00 Z150. M08;                       抬高至安全高度,切削液开
X0. Y0. ;                            刀具快速定位
Z5. ;                                刀具快速定位
M98 P3102;                           调用 O3102 号子程序一次
G68 X0. Y0. R90. ;                   坐标系旋转 90°
M98 P3102;                           调用 O3102 号子程序一次
G68 X0. Y0. R180. ;                  坐标系旋转 180°
M98 P3102;                           调用 O3102 号子程序一次
G69;                                 取消坐标系旋转
G01 Z5. ;                            抬刀
G00 Z150. ;                          快速抬刀至安全高度
M30;                                 程序结束
子程序
O3102;                               子程序名
G01 X32.336 Y13.394 F200;            定位到下刀点
G01 Z-5. F50;                        下刀至要加工深度
G41 X37.879 Y15.69 D01 F200;         直线插补至 B 点,建立刀具半径补偿
G03 X26.793 Y11.098 R6. ;            逆时针圆弧插补至 C 点
G02 X26.793 Y-11.098 R29. ;          逆时针圆弧插补至 D 点
G03 X37.879 Y-15.69 R6. ;            逆时针圆弧插补至 E 点
G03 X37.879 Y15.69 R41. ;            逆时针圆弧插补至 B 点
G03 X26.793 Y11.098 R6. ;            逆时针圆弧插补至 C 点
G40 G01 X32.336 Y13.394;             取消刀具半径补偿
G01 Z5. ;                            抬刀
M99;                                 子程序结束
```

直槽程序。

```
O3103;                               程序名
G54 G17 G90 M03 S1200;               调用坐标系,绝对值编程,主轴正转
G00 Z150. M08;                       抬高至安全高度,切削液开
X-55. Y-35. ;                        刀具快速定位到 a 点
Z5. ;                                刀具快速定位
G01 Z-4. F200;                       下刀至要加工深度
G41 G01 Y-40. D02;                   直线插补至 b 点,建立刀具半径补偿
G01 X-20. ;                          直线插补至 c 点
G03 Y-30. R5. ;                      逆时针圆弧插补至 d 点
G01 X-55. ;                          直线插补至 e 点
```

```
G40 Y-35. ;                    取消刀具半径补偿
G01 Z5. ;                      抬刀
G00 X55. Y-35. ;               快速定位至 f 点
G01 Z-4. F300;                 下刀至要加工深度
G41 G01 Y-30. D02;             建立刀具半径补偿
G01 X20. ;                     直线插补至 h 点
G03 Y-40. R5. ;                逆时针圆弧插补至 i 点
G01 X55. ;                     直线插补至 j 点
G40 Y-35. ;                    取消刀具半径补偿
G01 Z5. ;                      抬刀
G00 Z150. ;                    快速抬刀至安全高度
M30;                           程序结束
```

ϕ40 环形槽程序。

```
O3104;                         程序名
G54 G17 G90 M03 S1500;         调用坐标系,绝对值编程,主轴正转
G00 Z150. M08;                 抬高至安全高度,切削液开
X20. Y0. ;                     刀具快速移动到下刀点 1
Z5. ;                          刀具快速定位
G01 Z-3. F50;                  下刀至要加工深度
G03 I-20. F200;                逆时针整圆插补
G01 Z5. ;                      抬刀
G00 Z150. ;                    快速抬刀至安全位置
M30;                           程序结束
```

四、程序录入及模拟轨迹

机床开机，回零，选择"EDIT（编辑）"模式，按 ▣ 键进入程序界面，依次录入加工程序。切换到自动模式，按机床锁、辅助锁、空运行键，按下 ▣ 键，进入图形界面，按"循环启动"运行程序，注意观察刀具运行轨迹，检查刀路是否正确，如图 3-1-6 所示。

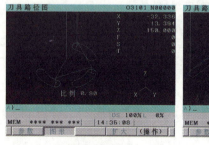
(a)腰形槽轨迹

(b)直槽轨迹

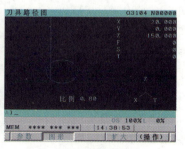
(c)环形槽轨迹

图 3-1-6　模拟刀具轨迹

五、加工零件

岗位规范小提示：进入加工实训车间，要严格遵守车间管理规定和机床操作规范，穿戴好防护用品。严禁多人同时操作机床，注意保护人身和设备安全。

1. 装夹零件毛坯

检查机床，开机并回零。安装并找正平口钳。测量钳口高度，选择合适平行垫铁，垫起工件，伸出钳口大于5mm，保证工件的水平。夹紧并敲平工件如图3-1-7所示。

2. 设定工件坐标系原点

安装寻边器，以分中的方式将工件毛坯的对称中心设定为G54工件坐标系X、Y轴原点。

3. 铣腰形槽

安装φ10键槽铣刀至主轴，校准Z轴设定器，放置在工件上方，将工件毛坯的上表面设定为G54工件坐标系Z轴原点。

图3-1-7　装夹工件毛坯

调用O3101号程序，按 键，切换到刀补设置界面，将D01号半径补偿值修改为5.2，如图3-1-8所示，单边留0.2mm精加工余量。切换到自动模式，按"循环启动"键，运行程序完成粗加工。测量槽宽度和深度，将D01号半径补偿值修改为5.05，深度如有误差，可修改下刀深度。再次自动运行程序，完成半精加工，测量槽宽，根据测量值，修改刀具半径补偿值。如实际测量结果比理论数值大0.1，则用5.05减去0.1的一半，即D01＝5.0（即5.05-0.1/2）。再次运行程序完成精加工，如图3-1-9所示。检测槽宽和深度是否符合图纸要求，如有误差，可修改刀具半径补偿值和下刀深度再次运行程序。

铣腰形槽

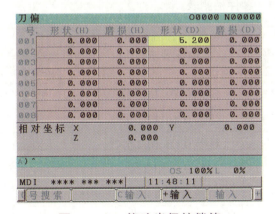

图3-1-8　修改半径补偿值

图3-1-9　腰形槽

4. 铣直槽

安装φ8立铣刀至主轴，使用Z轴设定器重新设定G54工件坐标系Z轴原点。

调用O3103号程序，按 键，切换到刀补设置界面，将D02号半径补偿值

铣直槽

修改为4.2，单边留0.2mm精加工余量。切换到自动模式，按"循环启动"键，运行程序完成粗加工。测量槽宽和深度尺寸。切换到刀补设置界面，D02号半径补偿值修改为4.05，如

深度尺寸有误差可修改下刀深度。自动运行程序,完成轮廓半精加工。测量槽宽尺寸,依据测量结果,修改 D02 号半径补偿值,完成精加工,如图 3-1-10 所示。

5. 铣 φ40 环形槽

更换 R3 球头铣刀至主轴,并重新设定 G54 工件坐标系 Z 轴原点。调用 O3104 号程序,切换到自动模式,按"循环启动"键运行程序完成 R3 环形槽加工,如图 3-1-11 所示。

铣环形槽

图 3-1-10　直槽加工　　　　　　　　图 3-1-11　R3 环形槽

6. 整理机床

卸下工件,去除加工产生的毛刺。按照车间 7S 管理规定整理工作岗位,清扫机床,刀量具擦净摆放整齐,关闭机床电源,清扫车间卫生。

六、检测零件

各小组依据图纸要求检测零件,并将检测结果填入表 3-1-5 中。

表 3-1-5　零件检测表

序号	检测项目	检测内容	配分	检测要求	学生自评		老师测评	
					自测	互测	检测	得分
1	槽宽	$12^{+0.03}_{0}$ 三处	15	超差 0.01 扣 2 分				
2	槽宽	$10^{+0.036}_{0}$ 两处	10	超差 0.01 扣 2 分				
3	深度	5 ± 0.02	5	超差 0.01 扣 2 分				
4	深度	4 ± 0.02	5	超差 0.1 扣 2 分				
5	直径	$\phi40$	4	超差 0.1 扣 2 分				
6	半径	$R3$	4	超差 0.1 扣 2 分				
7	半径	$R35$	4	超差 0.1 扣 2 分				
8	半径	$R6$	4	超差 0.1 扣 2 分				
9	半径	$R5$	3	超差 0.1 扣 1 分				
10	位置	35	3	超差 0.1 扣 1 分				
11	位置	40	3	超差 0.1 扣 1 分				
12	表面粗糙度	$Ra3.2$	4	一处不合格扣 2 分				

续表

序号	检测项目	检测内容	配分	检测要求	学生自评		老师测评	
					自测	互测	检测	得分
13	去除毛刺	是否去除	6	每处扣1分				
14	时间	工件按时完成	10	超时完成不得分				
15	现场操作规范	安全文明操作	10	违反操作规程按程度扣分				
16		工量具使用	5	工量具使用错误，每项扣1分				
17		设备维护保养	5	违反维护保养规程，每项扣1分				
18	合计（总分）		100	机床编号		总得分		
19	开始时间		结束时间			加工时间		

 任务评价与总结

根据任务完成情况，填写任务评价表（表3-1-6）和任务总结表（表3-1-7）。

表3-1-6　任务评价表

任务名称			日期		
评价项目	评价标准		配分	自我评分	教师评分
工艺过程 10%	合理编制工艺过程，刀具选用合理，程序正确，任务实施过程符合工艺要求		10		
安全操作规范 15%	正确规范操作设备，加工无碰撞，能正确处理任务实施出现的异常情况。保证人身和设备安全		15		
任务完成情况 50%	按照任务要求，按时完成任务，零件尺寸符合图纸要求。正确完成零件尺寸的检测		50		
职业素养 15%	着装整齐规范，遵守纪律，工作中态度积极端正，严格遵守安全操作规程，无安全事故。工量具摆放整齐有序，任务完成后及时维护、保养、清扫设备，遵守7S管理规定		15		
团队协作 10%	小组成员分工明确，积极参与任务实施。团队协作，共同讨论、交流，解决加工中的问题		10		
合计	100				

表 3-1-7　任务总结表

自我总结	通过本任务的学习，谈谈自己的收获和存在的问题： 学生签名： 日期：
教师总结	对学生的评价与建议： 教师签名： 日期：

任务二　型腔加工

 任务目标

【知识目标】

1. 掌握倒角、拐角圆弧过渡指令的使用方法。

2. 掌握型腔类零件的编程。

【技能目标】

1. 能够合理制定型腔类零件的加工工艺。

2. 能够完成型腔类零件的加工与检测。

【素养目标】

1. 具有安全文明生产和遵守操作规程的意识。

2. 具有团队协作的能力。

3. 具有工匠精神和劳模精神。

 任务要求

同学们，我们车间接到一个旋钮型腔板模具的加工任务，零件如图 3-2-1 所示。该任务材料为 2A12 铝合金，毛坯尺寸为 90mm×90mm×25mm。请同学们以小组为单位，根据图纸要求，完成加工任务。

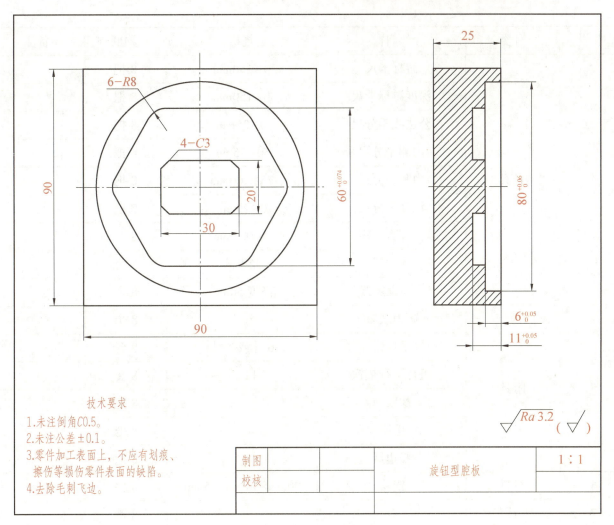

技术要求
1.未注倒角C0.5。
2.未注公差±0.1。
3.零件加工表面上，不应有划痕、
擦伤等损伤零件表面的缺陷。
4.去除毛刺飞边。

$\sqrt{Ra\,3.2}$ （ $\sqrt{}$ ）

制图			旋钮型腔板	1：1
校核				

图 3-2-1 旋钮型腔板

 任务准备

完成该任务需要准备的实训物品如表 3-2-1 所示。

表 3-2-1 实训物品清单

序号	种类	名称	规格	数量	备注
1	机床	数控铣床	VMC850 或其他	8 台	
2	学习资料	《数控铣床编程手册》 《数控铣床操作手册》	FANUC 系统	8 本	
3	刀具	麻花钻	φ10	8 把	
		立铣刀	φ20	8 把	
		立铣刀	φ10	8 把	

续表

序号	种类	名称	规格	数量	备注
4	量具	游标卡尺	0~150mm	8 把	
		深度游标卡尺	0~150mm	8 把	
		公法线千分尺	0~25mm	8 把	
		内测千分尺	50~75mm	8 把	
		内测千分尺	75~100mm	8 把	
		深度千分尺	0~25mm	8 把	
		杠杆百分表	0~0.8mm	8 个	
		寻边器	光电式	8 个	
		Z 轴设定器	高度 50mm	8 个	
5	附具	磁力表座		8 个	
		平口钳	6 寸或 8 寸	8 台	
		组合平行垫铁	12 组	8 套	
		橡胶锤		8 把	
		毛刷		8 把	
		修边器		8 把	
6	材料	铝块	90mm×90mm×25mm	8 块	
7	工具车			8 辆	

相关知识

一、任意角度倒角、拐角圆弧过渡指令

1. 指令格式

，C_ ；倒角

，R_ ；拐角圆弧过渡

2. 指令说明

当在指定直线插补（G01）或者圆弧插补（G02、G03）程序段的末尾指定上述格式时，加工中自动在拐角处加上倒角或者拐角圆弧过渡，倒角或拐角圆弧过渡的程序段可以连续指定。倒角和拐角圆弧过渡程序段可以插入在直线和直线、直线和圆弧、圆弧和圆弧、圆弧和直线插补程序段之间。

倒角在 C 之后指定从假想拐角交点到拐角起点和终点的距离。假想拐角就是不执行倒角的话，实际存在的拐角点，如图 3-2-2 所示。

拐角圆弧过渡在 R 之后，指定拐角圆弧的半径，如图 3-2-3 所示。

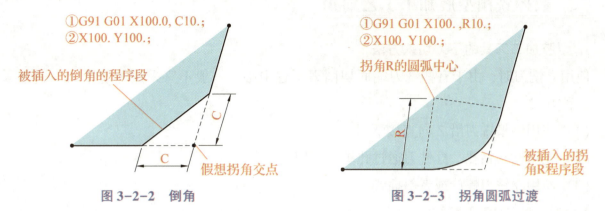

①G91 G01 X100.0, C10.;
②X100. Y100.;

被插入的倒角的程序段

假想拐角交点

图 3-2-2　倒角

①G91 G01 X100. ,R10.;
②X100. Y100.;

拐角R的圆弧中心

被插入的拐角R程序段

图 3-2-3　拐角圆弧过渡

3. 应用举例

使用倒角、拐角圆弧过渡指令编写图 3-2-4 加工程序如下。

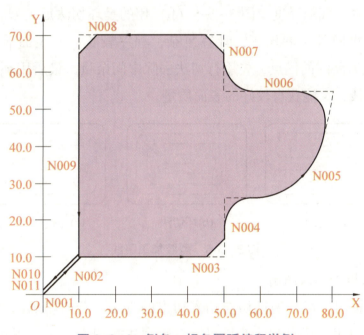

图 3-2-4　倒角、拐角圆弧编程举例

```
N001 G92 G90 X0. Y0. ;
N002 G00 X10. Y10. ;
N003 G01 X50. ,C5.0 F100.;
N004 Y25.0 ,R8. ;
N005 G03 X80. Y50. R30. ,R8. ;
N006 G01 X50. ,R8. ;
N007 Y70. ,C5. ;
N008 X10. ,C5. ;
N009 Y10. ;
N010 G00 X0. Y0.;
N011 M30;
```

二、数控铣削型腔加工工艺知识

1. 型腔加工刀具的下刀切入方法

使用立铣刀时，由于有些铣刀端面切削刃不过中心，一般不宜采用垂直下刀，通常采用以下三种方式。

（1）使用键槽铣刀沿 Z 向直接下刀。

（2）先用钻头钻孔，立铣刀通过孔垂直下刀。

（3）使用立铣刀螺旋或者斜插式下刀。

2. 型腔加工的走刀路线

型腔加工的走刀路线一般有三种，如图 3-2-5 所示。图 3-2-5（a）是用行切法加工型腔，这种走刀路线优点是走刀路线短，计算简单，编程方便，缺点是相邻两行的转接处留下残留面积达不到要求的表面粗糙度。图 3-2-5（b）用的是环切法加工型腔，这种走刀路线要比行切法长，需要逐次向外扩展轮廓，计算复杂，程序较长，但表面质量较好。图 3-2-5（c）综合前两种的走刀路线的优点，先用行切法去除中间余量，最后用环切法加工轮廓表面，既能缩短总的进给路线，又能获得较好的表面质量。

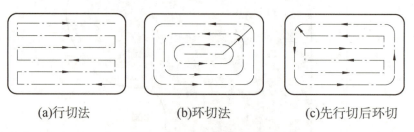

(a)行切法　　　　　(b)环切法　　　　　(c)先行切后环切

图 3-2-5　型腔加工路线

3. 型腔精加工刀具的切入切出

当铣削内轮廓表面时，尽量遵循切向切入切出的方法。若内轮廓曲线不允许外延，或者距离较小，无法沿切向切入切出时，刀具只能沿轮廓法向切入切出。当轮廓内部几何元素相交无切点时，如图 3-2-6（a）所示，刀具应远离拐角，考虑中间圆弧切入切出。铣削圆弧或者整圆时，如图 3-2-6（b）所示，也要遵循圆弧切入切出的原则，最好安排在象限点处以提高轮廓表面质量。

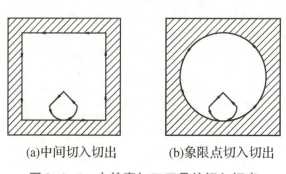

(a)中间切入切出　　　　　(b)象限点切入切出

图 3-2-6　内轮廓加工刀具的切入切出

 **任务实施**

一、任务图纸分析

该任务零件外形为方形，第一层是 $\phi 80^{+0.06}_{0}$ 的圆形型腔。底层有一个六边形型腔，中间有一个矩形凸台。六边形的宽度为 $60^{+0.074}_{0}$。轮廓深度方向均有尺寸公差要求，其余未标注尺寸公差为 ± 0.1，表面粗糙度要求为 $Ra3.2$，零件加工完成后需去除加工过程中产生的毛刺，锐边倒钝。

二、制订加工工艺

1. 加工工艺分析

该任务零件外形为方形，可采用平口钳装夹。先加工圆形型腔，然后加工六边形型腔，再加工矩形凸台。由于尺寸有公差要求，可采用顺铣的方式，加工中注意区分粗精加工，以保证尺寸精度。

2. 选择刀具及切削用量

根据对零件的加工工艺分析，加工型腔时，立铣刀主要用于侧刃切削，不适合垂直下刀，可选用 $\phi 10$ 钻头，预钻下刀孔。加工 $\phi 80$ 型腔时为提高加工效率，可选择 $\phi 20$ 立铣刀加工。加工六边形型腔和矩形凸台时，考虑到相邻轮廓之间的距离，选择 $\phi 10$ 立铣刀，防止过切。制订刀具卡片如表 3-2-2 所示。

表 3-2-2　刀具卡片（参考）

刀具号	刀具名称	刀柄型号	直径	补偿号		加工内容	参考切削参数		
				D	H		背吃刀量 a_{p}/mm	主轴转速 $S/(\mathrm{r \cdot min^{-1}})$	进给速度 $F/(\mathrm{mm \cdot min^{-1}})$
01	麻花钻	BT40-CHU13-95	$\phi 10$			钻孔	6	800	60
02	立铣刀	BT40-ER32-100	$\phi 20$	D01		型腔	6	900	300
03	立铣刀	BT40-ER32-100	$\phi 10$	D02		型腔	5	1200	200

3. 填写工艺卡片

根据加工工艺和选用刀具情况，填写如表 3-2-3 所示工艺卡片。

表 3-2-3　工艺卡片（学生填写）

加工工艺卡片		产品名称	零件名称		零件图号		材料
		工作场地	使用设备和系统				夹具名称
序号	工步内容	切削用量			刀具		备注
		主轴转速	进给速度	背吃刀量	编号	类型	
1							
2							
3							
4							
编制		审核		批准		日期	

三、程序编制

1. 建立工件坐标系，确定刀具轨迹及点坐标值

根据零件形状和尺寸标注，为方便对刀及编程，选择上表面的对称中心为工件坐标系原点。为保证加工质量，选择顺铣加工路线。

零件的编程原点、刀具走刀路线及点坐标如表 3-2-4 所示。

加工 $\phi 80$ 圆形型腔先用钻头在圆心 O 点位置钻下刀孔，深度 5.8。从 O 点下刀至要加工的深度，直线插补至 A 点，逆时针插补整圆，去除中间余量，然后直线插补至 B 点建立刀具半径补偿，圆弧插补至 C 点切入，逆时针插补整圆，圆弧插补至 D 点切出轮廓，直线插补至 A 点取消刀具半径补偿，抬刀至安全高度。

加工八边形型腔刀具轨迹，6-R8 圆角采用拐角圆弧过渡命令。只需要计算两边的交点坐标，以简化编程工作量。先用钻头在 a 点位置钻下刀工艺孔，深度 10.8。从 a 点下刀至要加工的深度，直线插补至 b 点建立刀具半径补偿，圆弧插补至 c 点，依次按照 c→d→e→f→g→h→i→c 和箭头指示的方向切削，圆弧插补至 j 点，直线插补至 a 点取消刀具半径补偿，抬刀至安全高度。

中间矩形凸台刀具轨迹，4-C3 倒角采用倒角命令，只需要计算两边的交点坐标以简化编程。从 a 点下刀至要加工的深度，直线插补至 1 点建立刀具半径补偿，圆弧插补至 2 点切入，依次按照 3→4→5→6→2 和箭头指示的方向切削，圆弧插补至 7 点切出，直线插补至 a 点取消

刀具半径补偿，抬刀至安全高度。

表 3-2-4 刀具轨迹及点坐标

加工内容	图　示	坐　标
圆形型腔	 （圆形型腔图示） 	A：X15. Y0. B：X25. Y−15. C：X40. Y0. D：X25. Y15.
六边形、矩形	 （六边形、矩形图示） 	a：X0. Y20. b：X6. Y24. c：X0. Y30. d：X−17.321 Y30. e：X−34.641 Y0. f：X−17.321 Y−30. g：X17.321 Y−30. h：X34.641 Y0. i：X17.321 Y30. j：X−6. Y24. 1：X−6. Y16. 2：X0. Y10. 3：X15. Y10. 4：X15. Y−10. 5：X−15. Y−10. 6：X−15. Y10. 7：X6. Y16.

2. 编写加工程序

编写零件加工程序如下（参考）。

圆形型腔程序。

```
O3201;                        程序名
G54 G17 G90 M03 S900;         调用坐标系,绝对值编程,主轴正转
G00 Z150. M08;                抬高至安全高度,切削液开
X0. Y0. ;                     刀具快速定位
Z5. ;                         刀具快速下刀
G01 Z-6. F300;                下刀至要加工的深度
G01 X15. Y0. ;                直线插补至 A 点
G03 I-15. ;                   逆时针插补
G01 G41 X25. Y-15. D01;       建立刀具半径补偿
G03 X40. Y0. R15. ;           圆弧切入
```

G03 I-40.;	逆时针插补整圆
G03 X25. Y15. R15.;	圆弧切出
G40 G01 X15. Y0.;	取消刀具半径补偿
G01 Z5.;	抬刀
G00 Z150.;	快速抬刀至安全位置
M30;	程序结束

六边形型腔程序。

O3202;	程序名
G54 G17 G90 M03 S1200;	调用坐标系,绝对值编程,主轴正转
G00 Z150. M08;	抬高至安全高度,切削液开
X0. Y20.;	刀具快速定位至下刀点
Z5.;	刀具快速定位
G01 Z-11. F200;	下刀至要加工深度
G41 G01 X6. Y24. D02;	建立刀具半径补偿
G03 X0. Y30. R6.;	圆弧插补至 c 点切入
G01 X-17.321 ,R8.;	直线插补至 d 点,拐角圆弧过渡
G01 X-34.641 Y0. ,R8.;	直线插补至 e 点,拐角圆弧过渡
X-17.321 Y-30. ,R8.;	直线插补至 f 点,拐角圆弧过渡
X17.321 ,R8.;	直线插补至 g 点,拐角圆弧过渡
X34.641 Y0. ,R8.;	直线插补至 h 点,拐角圆弧过渡
X17.321 Y30. ,R8.;	直线插补至 i 点,拐角圆弧过渡
X0.;	直线插补至 c 点
G03 X-6. Y24. R6.;	圆弧切出
G40 G01 X0. Y20.;	取消刀具半径补偿
G01 Z5.;	抬刀
G00 Z150.;	快速抬刀至安全位置
M30;	程序结束

矩形凸台程序。

O3203;	程序名
G54 G17 G90 M03 S1500;	调用坐标系,绝对值编程,主轴正转
G00 Z150. M08;	抬高至安全高度,切削液开
X0. Y20.;	刀具快速定位至下刀点 a
Z5.;	刀具快速定位
G01 Z-11. F300;	下刀至要加工深度
G41 G01 X-6. Y16. D02;	直线插补至 1 点,建立刀具半径补偿
G03 X0. Y10. R6.;	圆弧插补至 2 点切入
G01 X15. ,C3.;	直线插补至 3 点,自动倒角
Y-10. ,C3.;	直线插补至 4 点,自动倒角
X-15. ,C3.;	直线插补至 5 点,自动倒角

```
Y10. ,C3.;                直线插补至6点,自动倒角
X0.;                      直线插补至2点
G03 X6. Y16. R6.;          圆弧切出
G40 G01 X0. Y20.;          取消刀具半径补偿
G01 Z5.;                  抬刀
G00 Z150.;                快速抬刀至安全高度
M30;                      程序结束
```

四、程序的录入及轨迹仿真

机床开机，回零，选择"EDIT（编辑）"模式，按 ▦ 键进入程序界面，依次录入加工程序。切换到自动模式，按机床锁、辅助锁、空运行键，按下 ▦ 键，进入图形界面，按"循环启动"运行程序，注意观察刀具运行轨迹，检查刀路是否正确，如图3-2-7所示。

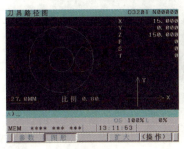
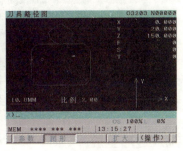

(a) 圆形型腔　　　　　　(b) 八边形型腔　　　　　　(c) 矩形凸台

图 3-2-7　模拟刀具轨迹

五、加工零件

岗位规范小提示：进入加工实训车间，要严格遵守车间管理规定和机床操作规范，穿戴好防护用品。严禁多人同时操作机床，注意保护人身和设备安全。

1. 装夹零件毛坯

检查机床，开机并回零。安装并找正平口钳。测量钳口高度，选择合适平行垫铁，垫起工件，伸出钳口大于5mm，保证工件的水平。夹紧并敲平工件如图3-2-8所示。

图 3-2-8　装夹工件毛坯

2. 设定工件坐标系原点

安装寻边器，按分中的方式将工件毛坯的对称中心设定为G54工件坐标系X、Y轴原点。

铣圆形型腔

3. 铣 φ80 圆形型腔

安装φ10钻头至主轴，手动在中心钻下刀工艺孔，深度为5.8mm，如图3-2-9所示。
更换φ20立铣刀至主轴，校准Z轴设定器，将工件上表面设定为G54工件坐标系Z轴

原点。

调用 O3201 号加工程序，按  键，切换到刀补设置界面，将 D01 号半径补偿值修改为 10.2，如图 3-2-10 所示，单边留 0.2mm 精加工余量。切换到自动模式，按下"循环启动"，运行程序完成粗加工。测量 φ80 圆直径和深度，将 D01 号半径补偿值修改为 10.0。深度如有误差，可修改下刀深度。再次自动运行程序，完成精加工，测量 φ80 圆直径。尺寸如有误差可根据测量值修改刀具半径补偿值，再次运行程序加工至图纸要求，如图 3-2-11 所示。

图 3-2-9 钻下刀工艺孔

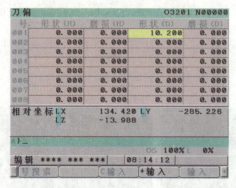

图 3-2-10 修改半径补偿值

图 3-2-11 φ80 型腔

4. 铣六边形型腔

安装 φ10 钻头，手动在 a 点钻下刀工艺孔，深度 10.8mm，如图 3-2-12 所示。更换 φ10 立铣刀至主轴，使用 Z 轴设定器重新设定工件坐标系 Z 轴原点。

铣六边形型腔

调用 O3202 号程序，按  键，切换到刀补设置界面，将 D02 号半径补偿值修改为 5.2，单边留 0.2mm 精加工余量。切换到自动模式，按"循环启动"键运行程序完成粗加工。测量宽度和深度尺寸，如有误差可修改下刀深度。切换到刀补设置界面，修改 D02 号半径补偿值为 5.05，自动运行程序，完成轮廓半精加工。测量宽度尺寸，根据测量结果修改

图 3-2-12 钻下刀工艺孔

图 3-2-13 六边形型腔

刀具半径补偿值，再次运行程序，加工至图纸要求，如图 3-2-13 所示。

5. 铣矩形凸台

铣矩形凸台

调用 O3203 号程序，将 D02 号半径补偿值修改为 5.1，单边留 0.1mm 精加工余量。切换到自动模式，按"循环启动"键运行程序完成粗加工。测量宽度和深度尺寸，深度如有误差可修改下刀深度。切换到刀补设置界面，将 D02 号半径补

偿值修改为5.，自动运行程序，完成轮廓精加工，如图 3-2-14 所示。

6. 整理机床

卸下工件，去除加工产生的毛刺。按照车间 7S 管理规定整理工作岗位，清扫机床，刀量具擦净摆放整齐，关闭机床电源，清扫车间卫生。

图 3-2-14 矩形凸台

六、检测零件

各小组依据图纸要求检测零件，并将检测结果填入表 3-2-5 中。

表 3-2-5 零件检测表

序号	检测项目	检测内容	配分	检测要求	学生自评		老师测评	
					自测	互测	检测	得分
1	直径	$\phi 80^{+0.06}_{0}$	10	超差 0.01 扣 2 分				
2	宽度	$60^{+0.074}_{0}$ 三处	18	超差 0.01 扣 2 分				
3	深度	$6^{+0.05}_{0}$	6	超差 0.01 扣 2 分				
4	深度	$11^{+0.05}_{0}$	6	超差 0.1 扣 2 分				
5	长度	30	4	超差 0.1 扣 2 分				
6	宽度	20	4	超差 0.1 扣 2 分				
7	拐角	$R8$	3	超差 0.1 扣 2 分				
8	倒角	$C3$	3	超差 0.1 扣 2 分				
9	表面粗糙度	$Ra3.2$	10	一处不合格扣 2 分				
10	去除毛刺	是否去除	6	每处扣 1 分				
11	时间	工件按时完成	10	超时完成不得分				
12	现场操作规范	安全文明操作	10	违反操作规程按程度扣分				
13		工量具使用	5	工量具使用错误，每项扣 1 分				
14		设备维护保养	5	违反维护保养规程，每项扣 1 分				
15	合计（总分）		100	机床编号		总得分		
16	开始时间		结束时间		加工时间			

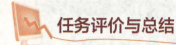 任务评价与总结

根据任务完成情况，填写任务评价表（表3-2-6）和任务总结表（表3-2-7）。

表3-2-6　任务评价表

任务名称		日期		
评价项目	评价标准	配分	自我评分	教师评分
工艺过程 10%	合理编制工艺过程，刀具选用合理，程序正确，任务实施过程符合工艺要求	10		
安全操作规范 15%	正确规范操作设备，加工无碰撞，能正确处理任务实施出现的异常情况。保证人身和设备安全	15		
任务完成情况 50%	按照任务要求，按时完成任务，零件尺寸符合图纸要求。正确完成零件尺寸的检测	50		
职业素养 15%	着装整齐规范，遵守纪律，工作中态度积极端正，严格遵守安全操作规程，无安全事故。工量具摆放整齐有序，任务完成后及时维护、保养、清扫设备，遵守7S管理规定	15		
团队协作 10%	小组成员分工明确，积极参与任务实施。团队协作，共同讨论、交流，解决加工中的问题	10		
合计	100			

表3-2-7　任务总结表

自我总结	通过本任务的学习，谈谈自己的收获和存在的问题： 学生签名： 日期：
教师总结	对学生的评价与建议： 教师签名： 日期：

孔是零件的重要组成部分，常见的有通孔、阶梯孔、螺纹孔、销孔等。孔加工也是数控铣床重要的功能之一，利用钻头、镗刀、铰刀、铣刀等不同类型的刀具在工件上进行钻孔、铰孔、铣孔、镗孔、攻螺纹等加工。通过本模块的学习可以掌握孔加工循环指令的应用和编程方法，掌握不同类型孔的加工方法。

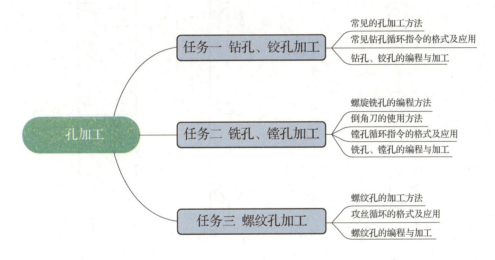

任务一　钻孔、铰孔加工

任务目标

【知识目标】

1. 掌握孔加工循环指令的格式及应用。

2. 掌握钻孔、铰孔的编程。

【技能目标】

1. 能够根据孔的类型选择相应的加工方法。

2. 能够完成钻孔和铰孔的加工。

【素养目标】

1. 具有安全文明生产意识和良好的职业素养。

2. 具有团队协作能力和分析解决问题的能力。

3. 具有工匠精神和制造强国意识。

 任务要求

学校数控实训车间接到一批电动机转接板的加工任务，零件如图 4-1-1 所示，材料为 2A12 铝合金，毛坯尺寸为 90mm×90mm×25mm。请同学们以小组为单位，根据图纸要求，完成加工任务。

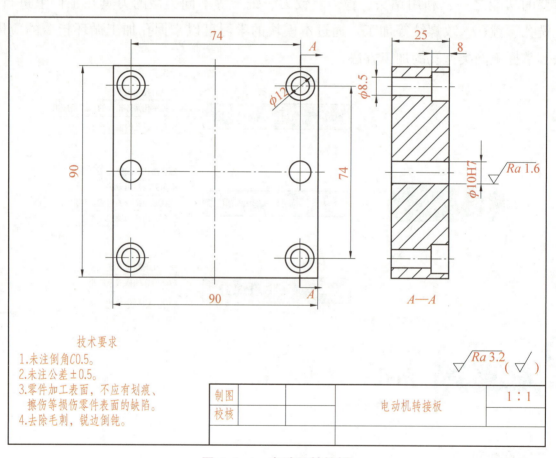

图 4-1-1   电动机转接板

 **任务准备**

完成该任务需要准备的实训物品如表 4-1-1 所示。

表 4-1-1 实训物品清单

序号	种类	名称	规格	数量	备注
1	机床	数控铣床	VMC850 或其他	8 台	
2	学习资料	《数控铣床编程手册》《数控铣床操作手册》	FANUC 系统	8 本	
3	刀具	中心钻	$\phi3$	8 把	
		麻花钻头	$\phi8.5$	8 把	
		麻花钻头	$\phi9.8$	8 把	
		铰刀	$\phi10H7$	8 把	
		键槽铣刀	$\phi12$	8 把	2 刃
4	量具	游标卡尺	0~150mm	8 把	
		深度游标卡尺	0~150mm	8 把	
		光滑塞规	$\phi10H7$	8 把	
		杠杆百分表	0~0.8mm	8 个	
		寻边器	光电式	8 个	
		Z 轴设定器	高度 50mm	8 个	
5	附具	磁力表座		8 个	
		平口钳	6 寸或 8 寸	8 台	
		组合平行垫铁	12 组	8 套	
		橡胶锤		8 把	
		毛刷		8 把	
		修边器		8 把	
6	材料	铝块	90mm×90mm×25mm	8 块	
7	工具车			8 辆	

 相关知识

一、常见的孔加工方法

1. 钻孔是数控铣加工中常见的加工方法，利用钻头在工件上加工孔。常用的钻孔刀具有以下两种。

中心钻：用于零件平面上中心孔、定位孔的加工，如图 4-1-2 所示。

麻花钻：在数控铣床上钻孔，大多数是采用普通麻花钻，如图 4-1-3 所示。

图 4-1-2 中心钻

图 4-1-3 麻花钻

2. 铰孔是铰刀从工件孔壁上切除微量材料层，以提高其尺寸精度和孔表面质量的方法。通常是先钻出底孔，留有较少余量，再用铰刀加工。主要针对小直径高精度孔，铰孔精度可达 IT6~IT8 级。数控铰刀按形状分为直槽铰刀和螺旋铰刀两种，如图 4-1-4 所示。

(a)直槽铰刀　　　　　　　　　　(b) 螺旋铰刀

图 4-1-4 铰刀

二、钻孔固定循环

数控加工中，孔加工动作循环已经典型化。例如，钻孔、镗孔的动作是孔位平面定位、快速引进、工作进给、快速退回等，这样一系列典型的加工动作可用包含 G 代码的一个程序段调用，从而简化编程工作。这种包含了典型动作循环的 G 代码称为循环指令。每个固定循环指令通常包含 6 个动作，如图 4-1-5。

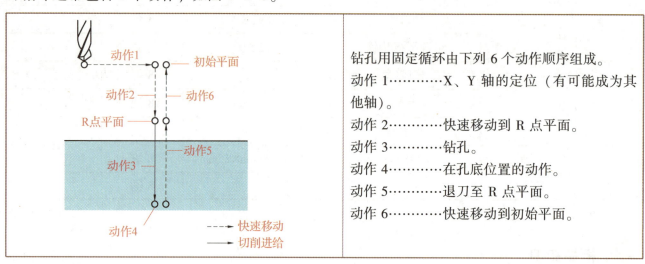

钻孔用固定循环由下列 6 个动作顺序组成。

动作 1…………X、Y 轴的定位（有可能成为其他轴）。

动作 2…………快速移动到 R 点平面。

动作 3…………钻孔。

动作 4…………在孔底位置的动作。

动作 5…………退刀至 R 点平面。

动作 6…………快速移动到初始平面。

图 4-1-5 钻孔固定循环动作

三、固定循环程序格式

G98/G99 G_ IP（X_ Y_ Z_）R_ P_ Q_ F_ K_；

G80；取消固定循环。

相关地址说明如表 4-1-2 所示。

表 4-1-2　钻孔循环地址说明

指定内容	地址	说明
返回点	G98 或 G99	G98 返回到初始点平面，G99 返回到 R 点平面，默认 G98
孔加工方式	G	选择固定循环 G73、G74、G76、G81~G89，该指令为模态 G 代码，在取消之前保持有效
孔位置数据	X、Y	孔位置，用绝对值（G90）或者增量值（G91）指定孔的位置，控制与 G00 定位时相同
孔加工数据	Z	如图 4-1-5 所示，用绝对值（G90）指定孔底的坐标值或者用增量值（G91）指定从 R 点到孔底的距离
	R	如图 4-1-5 所示，用绝对值（G90）指定 R 点的坐标值，或者用增量值（G91）指定从初始平面到 R 点的距离。进给速度在动作 2 和动作 6 中全是快速进给
	P	在孔底的暂停时间
	Q	指定 G73、G83 中每次切入量或者 G76、G87 中的平移量（增量值）
	F	切削进给速度
循环次数	K	希望重复等距离钻孔时，用 K 指定重复次数，只在指定的程序段有效，通常配合 G91 增量方式使用
取消	G80	当执行钻孔循环之后，应及时取消固定循环，G80 和 01 组 G 代码（G00、G01、G02、G03）可取消钻孔循环

四、孔加工固定循环指令的格式及应用

FANUC 系统主要有以下孔加工固定循环，如表 4-1-3 所示。

表 4-1-3　钻孔固定循环一览表

G 代码	钻孔动作（-Z 方向）	在孔底位置的动作	退刀动作（+Z 方向）	用途
G73	间歇进给		快速移动	高速深孔钻削循环
G74	切削进给	暂停→主轴正转（CW）	切削进给	左螺纹攻丝
G76	切削进给	主轴定向，让刀	快速移动	精镗
G80				取消固定循环
G81	切削进给		快速移动	钻孔、定点镗孔
G82	切削进给	暂停	快速移动	钻孔、镗阶梯孔
G83	间歇进给		快速移动	深孔钻削循环

续表

G 代码	钻孔动作 （-Z 方向）	在孔底位置的动作	退刀动作 （+Z 方向）	用途
G84	切削进给	暂停→主轴反转	切削进给	右螺纹攻丝
G85	切削进给	－	切削进给	镗孔
G86	切削进给	主轴停止	快速移动	镗孔
G87	切削进给	主轴正转	快速移动	反镗
G88	切削进给	暂停–主轴停止	手动	镗孔
G89	切削进给	暂停	切削进给	镗孔

1. 钻孔循环、定点镗孔循环 G81

G81 X_ Y_ Z_ R_ F_ K_ ；

说明。

X_ Y_ ：孔位置数据；

Z_ ：从 R 点到孔底的距离（增量值）或孔底的坐标（绝对值）；

R_ ：从初始点平面到 R 点的距离（增量值），或 R 点的坐标（绝对值）；

F_ ：切削进给速度；

K_ ：重复次数（仅限需要重复时）。

G81 循环用于通常的钻孔加工。刀具沿 X、Y 轴定位后，快速移动到 R 点平面，从 R 点平面沿着 Z 方向切削进给到孔底，然后刀具以快速移动的方式退回，如图 4-1-6 所示。

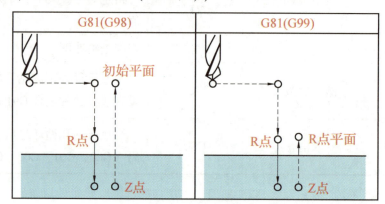

图 4-1-6　G81 循环动作

2. 钻孔循环、镗阶梯孔循环 G82

G82 X_ Y_ Z_ R_ P_ F_ K_ ；

说明。

X_ Y_ ：孔位置数据；

Z_ ：从 R 点到孔底的距离（增量值）或孔底的坐标（绝对值）；

R_ ：从初始点平面到 R 点的距离（增量值），或 R 点的坐标（绝对值）；

P_ ：孔底暂停时间（单位 0.001 秒）；

F_ ：切削进给速度；

K_ ：重复次数（仅限需要重复时）。

G82 循环用于通常的钻孔加工，刀具沿 X、Y 轴定位后，快速移动到 R 点平面，从 R 点平面沿着 Z 方向切削进给到孔底，在孔底暂停，然后刀具以快速移动的方式退回，如图 4-1-7 所示。由于孔底暂停，在盲孔加工中，可提高孔深的精度。

3. 深孔钻削循环 G83

G83 X_ Y_ Z_ R_ Q_ F_ K_ ;

说明。

X_ Y_：孔位置数据；

Z_：从 R 点到孔底的距离（增量值）或孔底的坐标（绝对值）；

R_：从初始点平面到 R 点的距离（增量值），或 R 点的坐标（绝对值）；

Q_：每次切削进给的进给量；

F_：切削进给速度；

K_：重复次数（仅限需要重复时）。

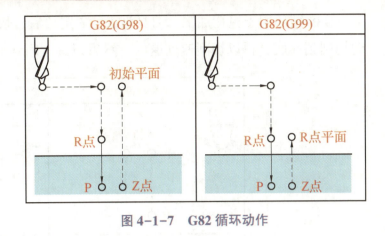

图 4-1-7 G82 循环动作

G83 循环通常用于加工深孔，该循环以间歇方式切削进给到达孔底，一边将切屑从孔中清除出去，一边执行加工，然后快速退回，如图 4-1-8 所示。

Q 为每次的切入量，始终用增量值来指定。在第二次以后的切削进给中，先快速进给刀具刚加工完的位置 d 处，然后变为切削进给。

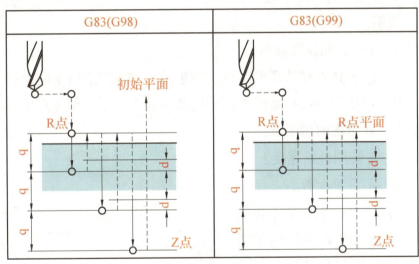

图 4-1-8 G83 循环动作

Q 值必须是正值，即使指定负值，也将被忽略，d 设定在参数（No. 5115）中。

4. 镗削循环 G85

G85 X_ Y_ Z_ R_ F_ K_ ;

说明。

X_ Y_：孔位置数据；

Z_：从 R 点到孔底的距离（增量值）或孔底的坐标（绝对值）；

R_：从初始点平面到 R 点的距离（增量值），或 R 点的坐标（绝对值）；

F_：切削进给速度；

K_：循环次数。

G85 循环用于镗孔加工。刀具沿 X、Y 定位后，快速移动到 R 点平面，从 R 点平面沿着 Z 向切削到孔底，再以切削速度退出，然后刀具返回到 R 点或初始平面，如图 4-1-9 所示。

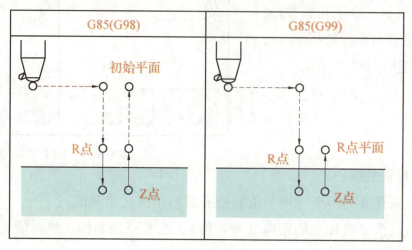

图 4-1-9　G85 循环动作

5. 高速深孔钻循环（G73）

G73 X_　Y_　Z_　R_　Q_　F_　K_ ；

说明。

X_　Y_　：孔位置数据；

Z_　：从 R 点到孔底的距离（增量值）或孔底的坐标（绝对值）；

R_　：从初始点平面到 R 点的距离（增量值），或 R 点的坐标（绝对值）；

Q_　：每次的切削量；

F_　：切削进给速度；

K_　：重复次数。

高速深孔钻削循环进行孔加工时，沿 Z 轴以间歇方式切削进给到达孔底，一边将切屑从孔中排出，一边进行加工，到达孔底之后快速退回，如图 4-1-10 所示。该钻孔方式可以防止切屑堆积在孔中，提高钻孔速度和精度，通常用于深孔加工。

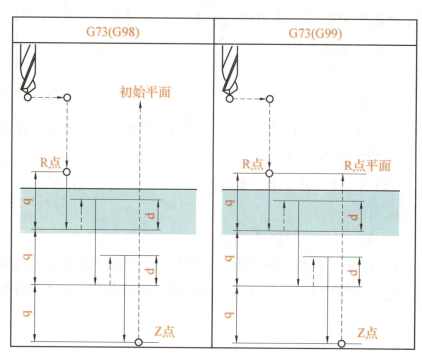

图 4-1-10　G73 循环动作

任务实施

一、任务图纸分析

该零件是孔系零件，毛坯为方形，由 4 个 ϕ8.5 通孔，4 个 ϕ12 沉孔和 2 个 ϕ10 销孔组成。其中 4 个 ϕ8.5 通孔和 4 个 ϕ12 沉孔未标注公差，尺寸公差按 ±0.5 加工。其中 ϕ10 孔精度要求较高，精度等级为 H7，表面粗糙度要求为 Ra1.6。零件加工完成后需去除加工过程中产生的毛刺，锐边倒钝。

二、制订加工工艺

1. 加工工艺分析

该任务零件毛坯是方形，可采用平口钳装夹工件。为保证孔的位置，先用中心钻钻中心孔，再用钻头钻孔。其中 ϕ10 通孔精度要求较高，钻孔不能满足要求，所以采用钻中心孔-钻底孔-倒角-铰孔的加工方法。

2. 选择刀具及切削用量

根据对零件的加工工艺分析，先选用 ϕ3 的中心钻钻中心孔，然后直接选用 ϕ8.5 的钻头钻 ϕ8.5 通孔，选用 ϕ12 键槽刀加工沉孔。ϕ10H7 孔选用 ϕ9.8 钻头钻底孔，单边留 0.1mm 余量，然后用 ϕ10H7 铰刀铰孔。制订刀具卡片如表 4-1-4 所示。

表 4-1-4　刀具卡片（参考）

刀具号	刀具名称	刀柄型号	直径	补偿号		加工内容	参考切削参数		
				D	H		背吃刀量 a_p/mm	主轴转速 S/(r·min^{-1})	进给速度 F/(mm·min^{-1})
01	中心钻	BT40-CHU13-95	ϕ3			钻中心孔	3	1200	60
02	麻花钻	BT40-CHU13-95	ϕ8.5			钻通孔	25	800	60
03	立铣刀	BT40-ER32-100	ϕ12			沉孔	8	300	60
04	麻花钻	BT40-CHU13-95	ϕ9.8			钻 ϕ10 底孔	25	800	60

续表

刀具号	刀具名称	刀柄型号	直径	补偿号 D	补偿号 H	加工内容	背吃刀量 a_p/mm	主轴转速 $S/(\text{r}\cdot\text{min}^{-1})$	进给速度 $F/(\text{mm}\cdot\text{min}^{-1})$
05	倒角刀	BT40-ER32-100	φ14			倒角	0.5	500	60
06	铰刀	BT40-ER32-100	φ10H7			铰孔	20	300	40

3. 填写工艺卡片

根据加工工艺和选用刀具情况，填写如表 4-1-5 所示工艺卡片。

表 4-1-5   工艺卡片（学生填写）

加工工艺卡片		产品名称	零件名称		零件图号		材料	
		工作场地	使用设备和系统				夹具名称	
序号	工步内容	切削用量 主轴转速	进给速度	背吃刀量	刀具 编号	类型	备注	
1								
2								
3								
4								
编制		审核		批准			日期	

三、程序编制

1. 建立工件坐标系，确定刀具轨迹及点坐标值

零件毛坯为方形，孔位置对称分布，为方便对刀及编程，选择上表面的对称中心为工件坐标系原点。

零件的编程原点、刀具走刀路线及点坐标如表 4-1-6 所示。

根据工艺分析及所选刀具情况，先按照 A→B→F→E→D→C 的路线钻中心孔，然后换钻头按照 A→B→C→D 的路线加工 φ8.5 通孔，更换 φ12 立铣刀加工 4 个沉孔。更换 φ9.8 钻头

依次钻 E、F 底孔，更换铰刀铰孔。

由于是加工通孔，考虑钻头、铰刀底部对加工深度的影响，Z 向深度，均加大 5mm 左右。

表 4-1-6　刀具轨迹及点坐标

加工内容	图　示	坐　标
孔		上表面的对称中心为工件坐标系原点 A：X−37. Y−37. B：X37. Y−37. C：X37. Y37. D：X−37. Y37. E：X−37. Y0. F：X37. Y0.

2. 编写加工程序

编写零件加工程序如下（参考）。

钻中心孔程序。

```
O4101;                              程序名
G54 G17 G90 G00 Z150. M03 S1200;    调用坐标系,绝对值编程,主轴正转
M08;                                切削液开
G99 G81 X-37. Y-37. Z-3. R5. F60;   钻孔循环返回到R点平面,钻A点
X37.;                               钻B点
Y0.;                                钻F点
X-37.;                              钻E点
Y37.                                钻D点
X37.;                               钻C点
G80;                                取消钻孔循环
G00 Z150.;                          快速抬刀
M05;                                主轴停止
M30;                                程序结束
```

钻 $\phi8.5$ 通孔程序。

```
O4102;                              程序名
G54 G17 G90 G00 Z150. M03 S800;     调用坐标系,绝对值编程,主轴正转
M08;                                切削液开
G99 G83 X-37. Y-37. Z-30. R5. Q5. F60;  深孔钻循环,每次钻深5mm,钻A点孔
```

X37. ;	钻 B 点孔
Y37. ;	钻 C 点孔
X-37. ;	钻 D 点孔
G80 ;	取消钻孔循环
G00 Z150. ;	快速抬刀
M05 ;	主轴停止
M30 ;	程序结束

钻 φ12 沉孔程序。

O4103 ;	程序名
G54 G17 G90 G00 Z150. M03 S300 ；	调用坐标系,绝对值编程,主轴正转
M08 ;	切削液开
G99 G82 X-37. Y-37. Z-8. R5. P500 F60 ；	沉孔,孔底暂停 0.5 秒。钻 A 点孔
X37. ;	钻 B 点孔
Y37. ;	钻 C 点孔
X-37. ;	钻 D 点孔
G80 ;	取消钻孔循环
G00 Z150. ;	快速抬刀
M05 ;	主轴停止
M30 ;	程序结束

钻 φ9.8 底孔。

O4104	程序名
G54 G17 G90 G00 Z150. M03 S800 ；	调用坐标系,绝对值编程,主轴正转
M08 ;	切削液开
G99 G83 X-37. Y0. Z-30. R3. Q5. F60 ；	深孔钻循环,每次钻深 5mm,钻 E 点孔
X37. Y0. ;	钻 F 点
G80 ;	取消钻孔循环
G00 Z150. ;	快速抬刀
M05 ;	主轴停止
M30 ;	程序结束

铰孔程序。

O4105 ;	程序名
G54 G17 G90 G00 Z150. M03 S300 ；	调用坐标系,绝对值编程,主轴正转
M08 ;	切削液开
G99 G85 X-37. Y0. Z-30. R5. F40 ；	钻孔循环,切削速度返回,钻 E 点
X37. Y0. ;	钻 F 点孔
G80 ;	取消钻孔循环
G00 Z150. ;	快速抬刀
M05 ;	主轴停止
M30 ;	程序结束

四、程序的录入及轨迹仿真

机床开机，回零，选择"EDIT（编辑）"模式，按 ![PROG] 键进入程序界面，依次输入加工程序。选择"自动"模式，按机床锁、辅助锁、空运行键，按下 ![CSTM] 键，进入图形界面，按"循环启动"运行程序，注意观察刀具运行轨迹，检查刀路是否正确，如图4-1-11所示。

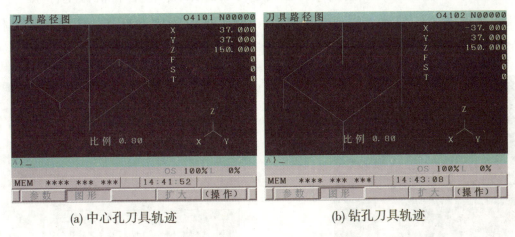

(a) 中心孔刀具轨迹　　　　　　(b) 钻孔刀具轨迹

图4-1-11　模拟刀具轨迹

五、加工零件

岗位规范小提示：进入加工实训车间，要严格遵守车间管理规定和机床操作规范，穿戴好防护用品。严禁多人同时操作机床，注意保护人身和设备安全。

1. 装夹零件毛坯

检查机床，开机并回零。安装平口钳并用百分表找正钳口与X轴平行度，如图4-1-12所示。测量钳口高度，选择合适平行垫铁，垫起工件，保证工件伸出钳口高度大于12mm，由于进行通孔加工，注意垫铁放置的位置要避开孔加工的位置，避免刀具和垫铁干涉，夹紧并敲平工件如图4-1-13所示。

图4-1-12　安装平口钳

图4-1-13　装夹工件毛坯

2. 设定工件坐标系原点

安装寻边器，以分中的方式将工件毛坯的对称中心设定为 G54 工件坐标系 X、Y 轴原点。

3. 钻中心孔

安装 ϕ3 中心钻至主轴，Z 轴目测对刀，手轮方式将刀具移动到工件上表面接近工件的位置，如图 4-1-14 所示。按 🔲 键，切换到坐标系设置界面，将光标调整到 G54 坐标系，输入 Z0，点击测量，如图 4-1-15 所示，或者将机械坐标系 Z 值输入 G54 坐标系 Z 的位置。完成 Z 轴对刀。调出加工程序 O4101，切换到自动模式，按"循环启动"键运行程序，完成中心孔加工，如图 4-1-16 所示。

钻中心孔

图 4-1-14　目测位置

图 4-1-15　输入 Z 值

4. 钻 ϕ8.5 通孔

取下 ϕ3 中心钻，安装 ϕ8.5 钻头至主轴。重新设定 G54 工件坐标系 Z 轴原点。调用 O4102 钻孔程序，切换到自动模式，按下"循环启动"运行程序，完成 ϕ8.5 孔加工，如图 4-1-17 所示。

图 4-1-16　中心孔　　图 4-1-17　 ϕ8.5 通孔

钻 ϕ8.5 通孔

5. 钻 ϕ12 沉孔

取下 ϕ8.5 钻头，安装 ϕ12 键槽铣刀至主轴，重新设定 G54 工件坐标系 Z 轴原点。调用 O4103 沉孔程序，切换到自动模式，按下"循环启动"运行程序，完成沉孔加工，如图 4-1-18 所示。

钻 ϕ12 沉孔

6. 钻 ϕ9.8 底孔

取下 ϕ12 铣刀，安装 ϕ9.8 钻头至主轴，重新设定 G54 工件坐标系 Z 轴原点。调用 O4104 钻孔程序，切换到自动模式，按下"循环启动"，完成孔加工，如图 4-1-19 所示。

钻 ϕ9.8 底孔

7. 铰 2 个 φ10 孔

取下 φ9.8 钻头,安装 φ10 铰刀至主轴,重新设定 G54 工件坐标系 Z 轴原点。调用 O4105 铰孔程序,切换到自动模式,按下"循环启动",完成铰孔加工,如图 4-1-20 所示。加工完成用通止规检测孔径是否合格。

铰 2 个 φ10 孔

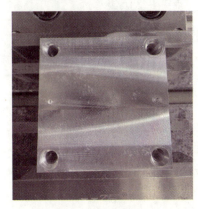
图 4-1-18 沉孔

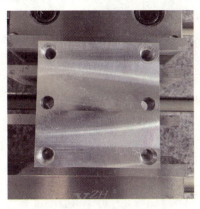
图 4-1-19 φ9.8 底孔

图 4-1-20 φ10H7 孔

8. 整理机床

卸下工件,去除加工产生的毛刺。按照车间 7S 管理规定整理工作岗位,清扫机床,刀量具擦净摆放整齐,关闭机床电源,清扫车间卫生。

六、检测零件

小组成员分工检测零件,并将检测结果填入表 4-1-7 中。

表 4-1-7 零件检测表

序号	检测项目	检测内容	配分	检测要求	学生自评		老师测评	
					自测	互测	检测	得分
1	直径	φ10H7 两处	10	超差 0.01 扣 2 分				
2	直径	φ12 四处	12	超差 0.1 扣 2 分				
3	直径	φ8.5 四处	12	超差 0.1 扣 2 分				
4	孔距	74 四处	10	超差 0.1 扣 1 分				
5	高度	25	5	超差 0.1 扣 1 分				
6	深度	8 四处	5	超差 0.1 扣 1 分				
7	表面粗糙度	Ra1.6	6	一处不合格扣 2 分				
8	表面粗糙度	Ra3.2	5	一处不合格扣 1 分				
9	去除毛刺、飞边	是否去除	5	一处不合格扣 1 分				

续表

序号	检测项目	检测内容	配分	检测要求	学生自评		老师测评	
					自测	互测	检测	得分
10	时间	工件按时完成	10	未按时完成不得分				
11	现场操作规范	安全文明操作	10	违反操作规程按程度扣分				
12		工量具使用	5	工量具使用错误，每项扣1分				
13		设备维护保养	5	违反维护保养规程，每项扣1分				
14	合计（总分）		100	机床编号		总得分		
15	开始时间		结束时间		加工时间			

任务评价与总结

根据任务完成情况，填写任务评价表（表4-1-8）和任务总结表（表4-1-9）。

表4-1-8　任务评价表

任务名称		日期		
评价项目	评价标准	配分	自我评分	教师评分
工艺过程 10%	合理编制工艺过程，刀具选用合理，程序正确，任务实施过程符合工艺要求	10		
安全操作规范 15%	正确规范操作设备，加工无碰撞，能正确处理任务实施出现的异常情况。保证人身和设备安全	15		
任务完成情况 50%	按照任务要求，按时完成任务，零件尺寸符合图纸要求。正确完成零件尺寸的检测	50		
职业素养 15%	着装整齐规范，遵守纪律，工作中态度积极端正，严格遵守安全操作规程，无安全事故。工量具摆放整齐有序，任务完成后及时维护、保养、清扫设备，遵守7S管理规定	15		
团队协作 10%	小组成员分工明确，积极参与任务实施。团队协作，共同讨论、交流，解决加工中的问题	10		
合计		100		

表 4-1-9　任务总结表

自我总结	通过本任务的学习，谈谈自己的收获和存在的问题： 　　　　　　　　　　　　　　　　　　学生签名： 　　　　　　　　　　　　　　　　　　日期：
教师总结	对学生的评价与建议： 　　　　　　　　　　　　　　　　　　教师签名： 　　　　　　　　　　　　　　　　　　日期：

任务二　铣孔、镗孔加工

任务目标

【知识目标】

1. 掌握镗孔加工循环指令的格式及应用。
2. 掌握螺旋铣孔的编程方法。

【技能目标】

1. 能够掌握镗刀的使用方法。
2. 能够完成铣孔和镗孔的加工。

【素养目标】

1. 具有安全文明生产和遵守操作规程的意识。
2. 具有团队协作能力和分析解决问题的能力。
3. 具有严格的产品质量意识和工匠精神。

任务要求

　　学校数控实训车间接到一批电动机转接板的加工任务，零件如图 4-2-1 所示。该任务材料为 2A12 铝合金，毛坯为任务一零件。请同学们以小组为单位，根据图纸要求，完成任务其余部分的加工。

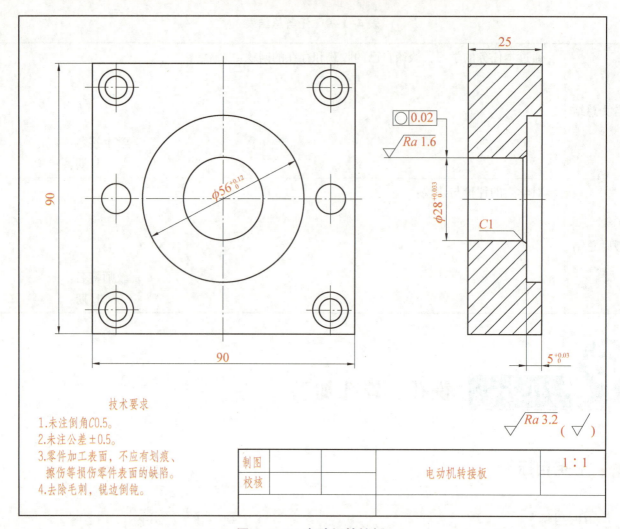

技术要求
1. 未注倒角C0.5。
2. 未注公差±0.5。
3. 零件加工表面，不应有划痕、擦伤等损伤零件表面的缺陷。
4. 去除毛刺，锐边倒钝。

| 制图 | | | 电动机转接板 | 1：1 |
| 校核 | | | | |

图4-2-1　电动机转接板

任务准备

完成该任务需要准备的实训物品如表4-2-1所示。

表4-2-1　实训物品清单

序号	种类	名称	规格	数量	备注
1	机床	数控铣床	VMC850 或其他	8 台	
2	学习资料	《数控铣床编程手册》《数控铣床操作手册》	FANUC 系统	8 本	
3	刀具	麻花钻头	φ12	8 把	
		立铣刀	φ16	8 把	
		精镗刀	可镗 φ28 孔	8 把	
		倒角刀	φ10×90°	8 把	

续表

序号	种类	名称	规格	数量	备注
4	量具	游标卡尺	0~150mm	8把	
		深度游标卡尺	0~150mm	8把	
		内测千分尺	25~50mm	8把	
		杠杆百分表	0~0.8mm	8个	
		寻边器	光电式	8个	
		Z轴设定器	高度50mm	8个	
5	附具	磁力表座		8个	
		平口钳	6寸或8寸	8台	
		组合平行垫铁	12组	8套	
		橡胶锤		8把	
		毛刷		8把	
		修边器		8把	
6	材料	铝块	任务一零件	8块	
7	工具车			8辆	

相关知识

一、螺旋铣孔

针对大直径孔的粗、精加工，可采用螺旋铣孔的方式加工，利用机床圆弧插补指令，一把刀具可加工不同尺寸的孔。相比采用钻孔加工可有效减少刀具规格种类，节约成本。

1. 螺旋线插补指令 G02/G03

格式：$G17 \begin{Bmatrix} G02 \\ G03 \end{Bmatrix} X\_ \quad Y\_ \quad \begin{Bmatrix} R\_ \\ I\_ \ J\_ \end{Bmatrix} Z\_ \quad F\_ ;$

$\quad\quad\quad G18 \begin{Bmatrix} G02 \\ G03 \end{Bmatrix} Z\_ \quad X\_ \quad \begin{Bmatrix} R\_ \\ K\_ \ I\_ \end{Bmatrix} Y\_ \quad F\_ ;$

$\quad\quad\quad G17 \begin{Bmatrix} G02 \\ G03 \end{Bmatrix} Y\_ \quad Z\_ \quad \begin{Bmatrix} R\_ \\ J\_ \ K\_ \end{Bmatrix} X\_ \quad F\_ ;$

说明：X、Y、Z中由 G17/G18/G19 平面选定的两个坐标为螺旋线投影圆弧的终点，意义同圆弧进给，第 3 坐标是与选定平面相垂直的轴终点，其余参数的意义同圆弧进给。

2. 编程举例

使用螺旋线插补指令如图 4-2-2 所示的螺旋线编程。AB 为一螺旋线，起点 A 的坐标为

（30，0，0），终点 B 的坐标为（0，30，10）；圆弧插补平面为 X、Y 平面，圆弧 AB′是 AB 在
XY 平面上的投影，B′的坐标值是（0，30，0），从 A 点到 B′是逆时针方向。在加工 AB 螺旋
线前，要把刀具移到螺旋线起点 A 处，则加工程序编写如下。

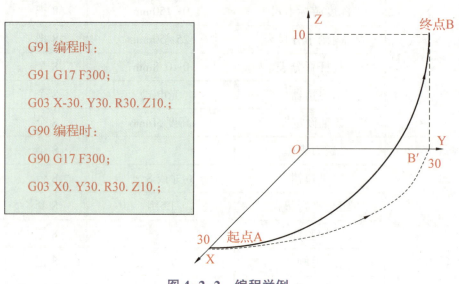

G91 编程时：

G91 G17 F300；

G03 X-30. Y30. R30. Z10.；

G90 编程时：

G90 G17 F300；

G03 X0. Y30. R30. Z10.；

图 4-2-2   编程举例

二、倒角铣刀的使用

1. 倒角铣刀的分类

在数控铣削加工中，轮廓会产生毛刺，或者对孔、轴等有配合要求的部位，要求进行倒
角。使用倒角铣刀可以方便地对零件轮廓进行倒角加工。按照倒角铣刀的材质和结构分类，
常见的倒角铣刀有三种形式，如图 4-2-3 所示。

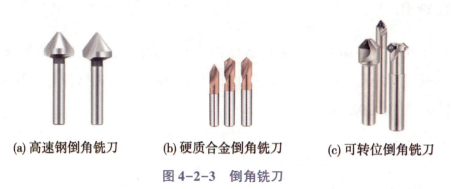

(a) 高速钢倒角铣刀   (b) 硬质合金倒角铣刀   (c) 可转位倒角铣刀

图 4-2-3   倒角铣刀

2. 倒角铣刀的用法

使用倒角铣刀对零件进行倒角加工，需要掌握倒角铣刀的相关尺寸信息，不同的倒角铣
刀，其尺寸信息有所差别，该信息可以从刀具包装盒上获得，也可用量具测量获得。

对于小直径孔的倒角，可以直接选择相应尺寸的倒角铣刀进行加工，如图 4-2-4（a）所
示，如孔的直径为 d，倒角直径为 d_1，则选择的倒角铣刀直径 D 要大于 d_1。

对于大直径的孔或者轮廓倒角，需对轮廓编程加工，通过对刀具半径补偿 D 值的设置与
下刀深度 Z 的配合来实现的，如图 4-2-4（b）所示。C 为倒角尺寸，Z_1 为倒角铣刀加工时超

出材料的深度，此值一般大于 1mm 左右，d 为倒角铣刀底面直径，有的倒角铣刀此值为零，即底面为尖角。D 为刀具半径补偿值，Z 为刀具下刀深度，根据以上几何关系，可以确定。

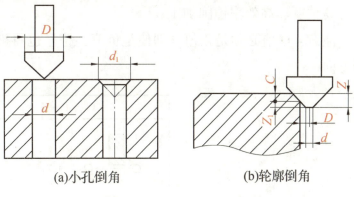

$$D = d/2 + Z_1$$

$$Z = C + Z_1$$

(a)小孔倒角   (b)轮廓倒角

图 4-2-4　倒角铣刀示意图

铣削倒角时，需要提前计算出 Z 值和 D 值，按照轮廓编写加工程序即可。

三、镗孔加工

针对大直径、精度要求较高的孔可选用镗孔加工，镗孔加工一般为孔加工的最后一道工序。按加工步骤可以分为钻孔、扩孔（小直径的孔）、铣孔（大直径的孔）、镗孔。精密镗削的加工精度可达 IT6~IT7 级，表面粗糙度可达 $Ra1.6 \sim Ra0.8$，镗孔还可以较好地纠正原来孔轴线的偏斜。

镗刀一般分为粗镗刀和精镗刀，可对已有的孔进行粗加工、半精加工和精加工，如图 4-2-5 所示。

图 4-2-5　镗刀

1. 精镗循环 G76

G76 X_ Y_ Z_ R_ Q_ P_ F_ K_ ;

说明。

X_ Y_：孔位置数据；

Z_：从 R 点到孔底的距离（增量值）或孔底的坐标（绝对值）；

R_：从初始点平面到 R 点的距离（增量值），或 R 点的坐标（绝对值）；

Q_：孔底的偏移量；

P_：孔底的暂停时间（单位 0.001 秒）；

F_：切削进给速度；

K_：重复次数（仅限需要重复时）。

精镗循环用于高精度的镗孔加工，刀具沿 X、Y 轴定位后，快速移动到 R 点平面，主轴正转状态镗削至孔底，暂停时间 P，执行主轴准停，刀具刀尖向相反的方向平移距离 Q，刀具离开工作表面，刀具快速退回，这样能保证加工表面不受损伤，如图 4-2-6 所示。在孔底，通过定向信号，主轴停在固定的回转位置上，向与刀尖相反的方向移动后退，不擦伤加工面，进行高精度、高效率镗削加工。

注意：Q 值必须是正值，即使是负值，符号也将被忽略。在参数（No. 5148）中指定偏移的方向。

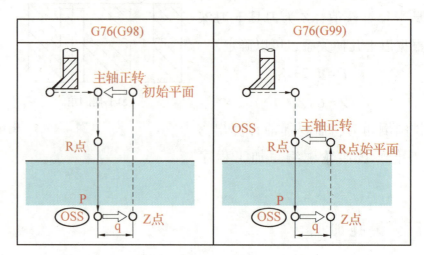

图 4-2-6　G76 循环动作

2. 镗削循环 G86

G86 X_ Y_ Z_ R_ F_ K_ ；

说明。

X_ Y_ ：孔位置数据；

Z_ ：从 R 点到孔底的距离（增量值）或孔底的坐标（绝对值）；

R_ ：从初始点平面到 R 点的距离（增量值），或 R 点的坐标（绝对值）；

F_ ：切削进给速度；

K_ ：重复次数（仅限需要重复时）。

G86 用于镗孔加工，加工完后，可以再用 G76 进行精镗。刀具沿 X、Y 轴定位后，快速移动到 R 点平面，从 R 点平面沿着 Z 方向切削进给到孔底，主轴停转，然后刀具快速返回到 R 点平面或初始平面，主轴正转启动，如图 4-2-7 所示。

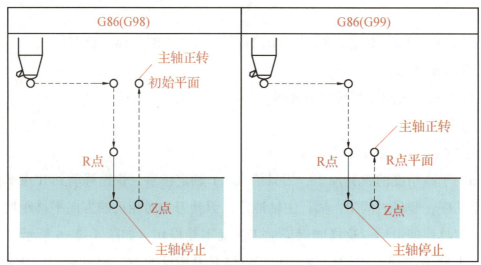

图 4-2-7　G86 循环动作

3. 反镗循环 G87

G87 X_ Y_ Z_ R_ Q_ P_ F_ K_ ；

说明。

X_ Y_ ：孔位置数据；

Z_ ：从 R 点到孔底的距离（增量值）或孔底的坐标（绝对值）；

R_ ：从初始点平面到 R 点的距离（增量值），或 R 点的坐标（绝对值）；

Q_ ：孔底的偏移量；

P_ ：孔底的暂停时间（单位 0.001 秒）；

F_ ：切削进给速度；

K_ ：重复次数（仅限需要重复时）。

G87 循环用于镗削精密孔。沿 X 轴和 Y 轴定位后，主轴停止在固定的旋转位置，刀具在与刀尖相反的方向偏移 Q 值，用快速移动的方式定位在孔底（R 点），然后刀具沿刀尖方向进给一个位移量 Q，主轴正转后沿着钻孔轴的正向镗孔，直到 Z 点。在此位置，使主轴再次停止在固定的旋转位置，然后刀具沿着刀尖相反的方向偏移 Q 值，主轴正转，进行下个程序段动作。关于位移量，及其方向，与 G76 完全相同，如图 4-2-8 所示。

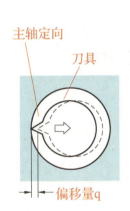
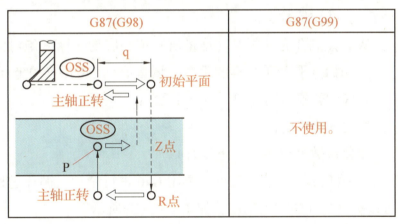

图 4-2-8　G87 循环动作

4. 镗孔循环 G88

G88 X_ Y_ Z_ R_ P_ F_ K_ ；

说明。

X_ Y_ ：孔位置数据；

Z_ ：从 R 点到孔底的距离（增量值）或孔底的坐标（绝对值）；

R_ ：从初始点平面到 R 点的距离（增量值），或 R 点的坐标（绝对值）；

P_ ：孔底的暂停时间（单位 0.001 秒）；

F_ ：切削进给速度；

K_ ：重复次数（仅限需要重复时）。

G88 循环自动进给，手动退出。刀具沿 X 轴和 Y 轴定位后，刀具快速移动到 R 点平面，从 R 点平面到 Z 点进行镗孔，在孔底暂停，主轴停转，进入保持状态。此时切换成手动状态，可以手动移出刀具。无论进行什么样的手动操作，都要以刀具从孔中安全退出为原则。在重新开始自动加工时，刀具按照 G98 或 G99 快速返回到 R 点或初始平面后，主轴正转启动，重新按照下一个程序段开始动作，如图 4-2-9 所示。

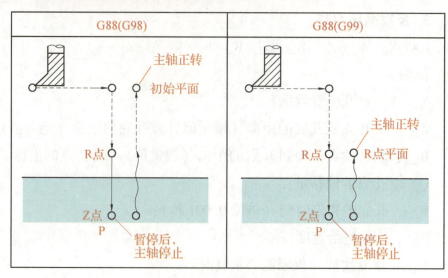

图 4-2-9　G88 循环动作

5. 镗孔循环 G89

G89 X_ Y_ Z_ R_ P_ F_ K_ ;

说明。

X_ Y_：孔位置数据；

Z_：从 R 点到孔底的距离（增量值）或孔底的坐标（绝对值）；

R_：从初始点平面到 R 点的距离（增量值），或 R 点的坐标（绝对值）；

P_：孔底的暂停时间（单位 0.001 秒）；

F_：切削进给速度；

K_：重复次数（仅限需要重复时）。

G89 用于镗孔加工，加工完后，再用 G76 进行精镗。循环过程同 G85，只是在孔底有暂停时间，可以提高盲孔的加工精度，如图 4-2-10 所示。

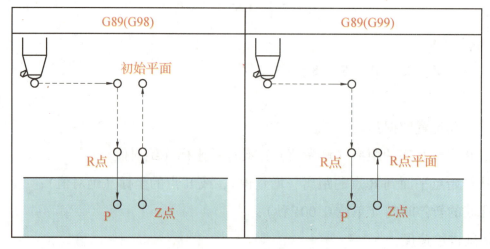

图 4-2-10　G89 循环动作

任务实施

一、任务图纸分析

该任务零件为孔类零件，由一个 $\phi28$ 通孔和一个 $\phi56$ 阶梯孔构成。其中 $\phi28$ 通孔公差为 $^{+0.033}_{0}$，圆度要求为 0.02，表面粗糙度要求为 $Ra1.6$，精度要求较高。其余表面粗糙度要求为 $Ra3.2$，孔口倒角 $C1$，零件加工完成后需去除加工过程中产生的毛刺和飞边。

二、制订加工工艺

1. 加工工艺分析

该任务零件外形为方形，可采用平口钳装夹。先用钻头钻通孔，然后用立铣刀加工 $\phi56$ 阶梯孔。$\phi28$ 通孔精度要求较高，并且有圆度要求，铣孔很难满足加工要求，可采用钻孔-扩孔-镗孔的方法加工。

2. 选择刀具及切削用量

根据对零件的加工工艺分析，先选用 $\phi12$ 钻头在中心位置打通孔。然后选用 $\phi16$ 立铣刀铣削 $\phi56$ 阶梯孔，中间 $\phi28$ 通孔先用 $\phi16$ 立铣刀扩孔，单边预留 0.1mm 余量，然后用镗刀镗孔。制订刀具卡片如表 4-2-2 所示。

表 4-2-2　刀具卡片（参考）

刀具号	刀具名称	刀柄型号	直径	补偿号 D	补偿号 H	加工内容	参考切削参数 背吃刀量 a_p/mm	参考切削参数 主轴转速 S/(r·min^{-1})	参考切削参数 进给速度 F/(mm·min^{-1})
01	麻花钻	BT40-CHU13-95	$\phi12$			钻通孔	30	800	60
02	立铣刀	BT40-ER32-100	$\phi16$	01		阶梯孔	5	1000	300
03	倒角刀	BT40-ER32-100	$\phi10$	02		倒角	1	1200	300
04	精镗刀	BT40-DCK6-55	$\phi28$			镗孔	26	800	40

3. 填写工艺卡片

根据加工工艺和选用刀具情况，填写如表4-2-3所示工艺卡片。

表4-2-3 工艺卡片（学生填写）

加工工艺卡片		产品名称	零件名称		零件图号	材料	
		工作场地	使用设备和系统			夹具名称	
序号	工步内容	切削用量			刀具		备注
		主轴转速	进给速度	背吃刀量	编号	类型	
1							
2							
3							
4							
编制		审核		批准		日期	

三、程序编制

1. 建立工件坐标系，确定刀具轨迹及点坐标值

零件毛坯为方形，孔位于毛坯的中心，为方便对刀及编程，选择上表面的对称中心为工件坐标系原点。

零件的编程原点、刀具走刀路线及点坐标如表4-2-4所示。

铣削 $\phi56$ 阶梯孔时，采用圆弧切入和切出的方式，先将刀具定位到圆心位置，下刀至要加工的深度，然后直线插补至 A 点并建立刀具半径补偿，圆弧插补至 B 点，切线方向切入工件，逆时针插补加工 $\phi56$ 整圆，然后圆弧插补至 C 点，圆弧切出，直线插补至圆心点并取消刀具半径补偿。

$\phi28$ 孔的尺寸精度要求较高，先用立铣刀扩孔，由于孔较深，可采用螺旋铣孔的方式加工。镗孔时采用 G76 精镗循环，镗刀镗削至孔底，然后主轴定向停止，刀具往刀尖相反的方向平移 0.2mm，使得刀具离开工作表面，避免抬刀划伤已加工面。

表 4-2-4 刀具轨迹及点坐标值

加工内容	图 示	坐 标
阶梯孔		上表面的对称中心为工件坐标系原点 O：X0. Y0. A：X18. Y-10. B：X28. Y0. C：X18. Y10.
螺旋铣孔镗孔		铣孔每层螺旋深度 2mm； 镗孔退刀量 Q0.2mm

2. 编写加工程序

编写零件加工程序如下（参考）。

钻通孔程序。

O4201;	程序名
G54 G17 G90;	调用 G54 坐标系,绝对值编程,XY 平面
G00 Z150. M03 S800;	快速抬刀,主轴正转,转速 800r/min
M8;	切削液开
G99 G83 X0. Y0. Z-30. R3. Q5. F60;	深孔钻循环,每次钻深 5mm,返回到 R 点平面
G80;	取消钻孔循环
G00 Z150.;	快速抬刀至安全高度
M05;	主轴停止
M30;	程序结束

铣阶梯孔程序。

O4202;	程序名
G54 G17 G90 M03 S1000;	调用坐标系,绝对值编程,主轴正转
G00 Z150. M08;	抬高至安全高度,切削液开
X0. Y0.;	刀具快速定位

```
Z5.;                                刀具快速定位
G01 Z-5. F300;                      下刀至要加工深度
G41 X18. Y-10. D01;                 建立刀具半径补偿
G03 X28. Y0. R10.;                  圆弧切入
G03 I-28.;                          逆时针加工整圆
G03 X18. Y10. R10.;                 圆弧切出
G40 G01 X0. Y0.;                    直线插补至圆心点并取消刀具半径补偿
G01 Z5.;                            抬刀
G00 Z150.;                          快速抬刀至安全高度
M30;                                程序结束
```

螺旋铣 $\phi28$ 孔程序。

```
主程序
O4203;                              程序名
G54 G17 G90 G00 Z150.;             坐标系,加工平面XY,绝对值编程
M03 S1000;                          主轴正转
X0. Y0.;                            快速定位到孔中心
Z5.;                                快速下刀
M08;                                切削液开
G01 Z-4. F300;                      下刀至初始加工深度
G01 G41 X14. Y0. D01;              建立刀具半径补偿,调用01号补偿
M98 P114204;                        调用O4204号程序11次
G90 G03 I-14.;                      孔底平切,子程序采用G91,注意切换G90
G40 G01 X0. Y0.;                    直线退刀至圆心
G01 Z5.;                            抬刀
G00 Z150.;                          快速抬刀至安全高度
M30;                                程序结束
子程序
O4204;                              子程序名
G91 G03 I-14. Z-2.;                螺旋插补,Z轴增量方式每圈-2mm
M99.                                子程序结束
```

$C1$ 倒角程序。

```
O4205;                              程序名
G54 G17 G90 M03 S1200;             调用坐标系,绝对值编程,主轴正转
G00 Z150. M08;                      抬高至安全高度,切削液开
X0. Y0.;                            刀具快速定位
Z5.;                                刀具快速定位
G01 Z-7. F300;                      下刀至要加工深度,倒角下刀深度Z-7.
G41 X14. Y0. D02;                  建立刀具半径补偿,计算D02=1.
G03 I-14.;                          逆时针加工整圆
```

```
G40 G01 X0. Y0. ;                          取消刀具半径补偿
G01 Z5. ;                                  抬刀
G00 Z150. ;                                快速抬刀至安全高度
M30 ;                                      程序结束
```

镗 ϕ28 孔程序。

```
O4206 ;                                    程序名
G54 G17 G90 G00 Z150. ;                    坐标系,加工平面 XY,绝对值编程
M03 S800 ;                                 主轴正转
M08 ;                                      切削液开
G99 G76 X0. Y0. Z-26. R-3. Q0.2 F40 ;      精镗循环,孔底刀尖反向退刀量 0.2mm
G80 ;                                      取消循环
Z150. ;                                    快速抬刀至安全高度
M05 ;                                      主轴停止
M30 ;                                      程序结束
```

四、程序的录入及轨迹仿真

机床开机,回零,选择"EDIT(编辑)"模式,按 键进入程序界面,依次录入加工程序。切换到自动模式,按机床锁、辅助锁、空运行键,按下 键,进入图形界面,按"循环启动"运行程序,注意观察刀具运行轨迹,检查刀路是否正确,如图 4-2-11 所示。

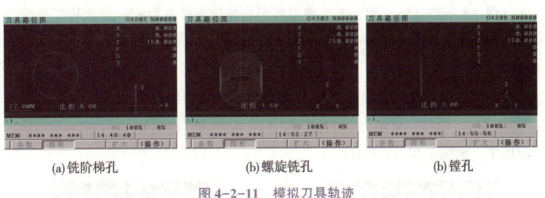

(a) 铣阶梯孔　　　　　　　　(b) 螺旋铣孔　　　　　　　　(b) 镗孔

图 4-2-11　模拟刀具轨迹

五、加工零件

岗位规范小提示:进入加工实训车间,要严格遵守车间管理规定和机床操作规范,穿戴好防护用品。严禁多人同时操作机床,注意保护人身和设备安全。

1. 装夹零件毛坯

检查机床,开机并回零。安装并找正平口钳。测量钳口高度,选择合适平行垫铁,垫起工件,由于进行通孔加工,注意垫铁放置的位置要避开孔加工的位置,避免刀具和垫铁干涉,夹紧并敲平工件,如图 4-2-12 所示。

2. 设定工件坐标系原点

安装寻边器，用分中法将工件毛坯的对称中心设定为 G54 工件坐标系 X、Y 轴原点。

3. 钻通孔

安装 φ12 钻头至主轴，将工件上表面设定为 G54 工件坐标系 Z 轴原点。

编辑模式下调用 O4201 号程序，切换到自动模式，按"循环启动"键运行程序，完成孔加工，如图 4-2-13 所示。

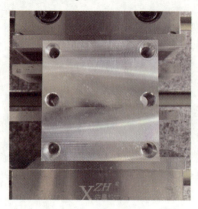

图 4-2-12　装夹工件毛坯

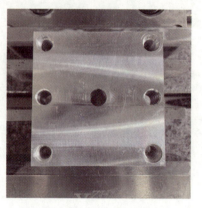

图 4-2-13　钻通孔

4. 铣削 φ56 阶梯孔

铣削 φ56 阶梯孔

取下 φ12 钻头，安装 φ16 立铣刀至主轴。校准 Z 轴设定器，Z 轴重新设定 G54 工件坐标系原点。调用 O4202 号程序，按 键，切换到刀补设置界面，将 D01 号半径补偿值修改为 8.2，单边留 0.2mm 余量。切换到自动模式，按下"循环启动"运行程序，完成 φ56 孔粗加工，将刀具半径补偿值修改为 8.，再次按下"循环启动"，完成 φ56 孔的精加工，如图 4-2-14 所示，内测千分尺测量孔径，检验尺寸是否符合图纸要求。

5. 螺旋铣 φ28 通孔

按 键，切换到刀补设置界面，将 D02 号半径补偿值修改为 8.2，单边留 0.2mm 加工余量。调用 O4203 号程序，按"循环启动"键自动运行程序，完成孔的粗加工，如图 4-2-15 所示。

螺旋铣 φ28 通孔

图 4-2-14　φ56 阶梯孔

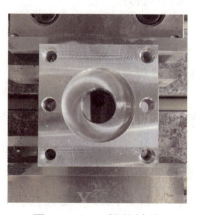

图 4-2-15　螺旋铣孔

6. 倒角

更换倒角刀至主轴，用 Z 轴设定器重新设定 G54 工件坐标系 Z 轴原点。调用倒角加工程序 O4205，将 D02 号半径补偿值修改为 1.，切换到自动模式，按"循环启动"键运行程序，完成倒角加工，如图 4-2-16 所示。

7. 镗孔

镗孔

注意安装镗刀前，先确定孔底退刀方向。可查看机床参数（No.5148），或者将 Z 轴抬高，空运行镗孔程序观察退刀方向。"MDI"模式输入"M19"指令，按"循环启动"，使主轴定向停止，镗刀刀尖朝退刀方向的相反方向安装至主轴。例如退刀方向为 X- 向，刀尖应朝向 X+。放置 Z 轴设定器重新设定 G54 工件坐标系 Z 轴原点。

手轮模式将刀具移动到孔的中心位置并 Z 向下降至 ϕ28 孔口的位置。用内六角扳手松开镗刀锁紧螺钉，如图 4-2-17 所示。然后"-"方向转动刻度盘，如图 4-2-18 所示，让刀尖处于孔径以内的位置，Z 向下降至 ϕ28 孔内约 2mm 位置，内六角扳手"+"向转动刻度盘，增大镗刀直径，此时注意观察镗刀刀尖，当刀尖快要碰到孔壁时，如图 4-2-19 所示，此时镗刀直径约为底孔的直径 ϕ27.6mm，抬起镗刀至工件上表面，继续"+"向转动刻度盘 30 格（注：每格代表直径方向 0.01mm），拧紧锁紧螺钉。镗刀直径约为 27.9mm，镗刀粗调完成。

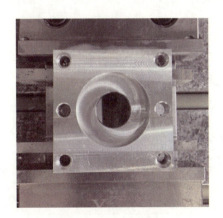

图 4-2-16　倒角

图 4-2-17　松开锁紧螺钉

图 4-2-18　调整镗刀直径

图 4-2-19　粗调位置

调用镗孔程序 O4206，自动运行程序，粗镗完成，测量孔直径，如图 4-2-20 所示，计算出实际尺寸与图纸尺寸差值。松开锁紧螺钉，根据差值调整镗刀。如实际值比图纸尺寸小0.12mm，则往"+"的方向转动 12 格。调整完拧紧锁紧螺钉。再次运行程序，完成镗孔加工如图 4-2-21 所示。加工完成，测量尺寸，如有偏差可继续调整镗刀，再次镗孔，直至符合图纸要求。

图 4-2-20　测量直径尺寸

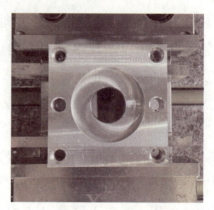
图 4-2-21　镗孔

8. 整理机床

卸下工件，去除加工产生的毛刺。按照车间 7S 管理规定整理工作岗位，清扫机床，刀量具擦净摆放整齐，关闭机床电源，清扫车间卫生。

六、检测零件图 4-2-21　镗孔

各小组依据图纸要求检测零件，并将检测结果填入表 4-2-5 中。

表 4-2-5　零件检测表

序号	检测项目	检测内容	配分	检测要求	学生自评		老师测评	
					自测	互测	检测	得分
1	直径	$\phi 56^{+0.12}_{0}$	10	超差 0.01 扣 2 分				
2	直径	$\phi 28^{+0.033}_{0}$	20	超差 0.01 扣 2 分				
3	深度	$5^{+0.03}_{0}$	6	超差 0.01 扣 2 分				
4	倒角	$C1$	6	超差 0.1 扣 2 分				
5	圆度	0.02	6	超差不得分				
6	表面粗糙度	$Ra1.6$	10	一处不合格扣 2 分				
7	表面粗糙度	$Ra3.2$	6	一处不合格扣 1 分				
8	去除毛刺、飞边	是否去除	6	一处不合格扣 1 分				
9	时间	工件按时完成	10	未按时完成不得分				

续表

序号	检测项目	检测内容	配分	检测要求	学生自评		老师测评	
					自测	互测	检测	得分
10	现场操作规范	安全文明操作	10	违反操作规程按程度扣分				
11		工量具使用	5	工量具使用错误，每项扣1分				
12		设备维护保养	5	违反维护保养规程，每项扣1分				
13	合计（总分）		100	机床编号		总得分		
14	开始时间		结束时间		加工时间			

任务评价与总结

根据任务完成情况，填写任务评价表（表4-2-6）和任务总结表（表4-2-7）。

表4-2-6 任务评价表

任务名称		日期	
评价项目	评价标准	配分	自我评分	教师评分
工艺过程 10%	合理编制工艺过程，刀具选用合理，程序正确，任务实施过程符合工艺要求	10		
安全操作规范 15%	正确规范操作设备，加工无碰撞，能正确处理任务实施出现的异常情况。保证人身和设备安全	15		
任务完成情况 50%	按照任务要求，按时完成任务，零件尺寸符合图纸要求。正确完成零件尺寸的检测	50		
职业素养 15%	着装整齐规范，遵守纪律，工作中态度积极端正，严格遵守安全操作规程，无安全事故。工量具摆放整齐有序，任务完成后及时维护、保养、清扫设备，遵守7S管理规定	15		
团队协作 10%	小组成员分工明确，积极参与任务实施。团队协作，共同讨论、交流，解决加工中的问题	10		
合计		100		

表 4-2-7　任务总结表

自我总结	通过本任务的学习，谈谈自己的收获和存在的问题： 学生签名： 日期：
教师总结	对学生的评价与建议： 教师签名： 日期：

任务三　螺纹孔加工

 任务目标

【知识目标】

1. 掌握攻丝加工循环指令的格式及应用。

2. 掌握攻丝切削参数的选择。

【技能目标】

1. 能够合理安排螺纹孔的加工工艺。

2. 能够完成螺纹孔的加工。

【素养目标】

1. 具有安全文明生产和遵守操作规程的意识。

2. 具有团队协作能力和分析解决问题的能力。

3. 具有精益求精的产品质量意识。

 任务要求

　　学校数控实训车间接到一批电动机转接板的加工任务，零件如图 4-3-1 所示，材料为 2A12 铝合金，毛坯为任务二零件。请同学们以小组为单位，根据图纸要求，完成剩余部分螺纹孔的加工。

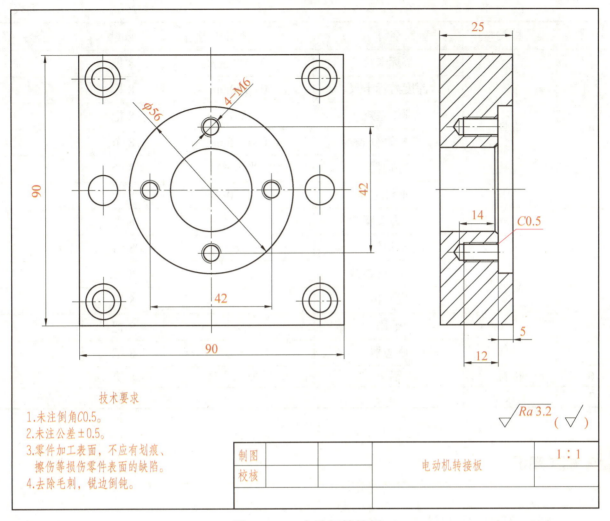

图 4-3-1 电动机转接板

任务准备

完成该任务需要准备的实训物品如表 4-3-1 所示。

表 4-3-1 实训物品清单

序号	种类	名称	规格	数量	备注
1	机床	数控铣床	VMC850 或其他	8 台	
2	学习资料	《数控铣床编程手册》《数控铣床操作手册》	FANUC 系统	8 本	
3	刀具	中心钻	φ3	8 把	
		麻花钻头	φ5	8 把	
		倒角刀	φ10×90°	8 把	
		丝锥	M6	8 把	

续表

序号	种类	名称	规格	数量	备注
4	量具	游标卡尺	0~150mm	8 把	
		深度游标卡尺	0~150mm	8 把	
		螺纹塞规	M6	8 把	
		杠杆百分表	0~0.8mm	8 个	
		寻边器	光电式	8 个	
		Z 轴设定器	高度 50mm	8 个	
5	附具	磁力表座		8 个	
		平口钳	6 寸或 8 寸	8 台	
		组合平行垫铁	12 组	8 套	
		橡胶锤		8 把	
		毛刷		8 把	
		修边器		8 把	
6	材料	铝块	任务二零件	8 块	
7	工具车			8 辆	

相关知识

一、螺纹孔加工方法

数控铣床常见的螺纹孔加工方法通常是先加工出螺纹底孔，然后用丝锥攻丝加工出螺纹，或者用螺纹铣刀铣削螺纹。攻丝适合中、小直径螺纹孔，常见的丝锥按形状可以分为直槽丝锥和螺旋丝锥，如图 4-3-2 所示。直槽丝锥前端有螺旋沟槽，向下排屑顺畅减少切削阻力，避免切削堵塞，适合加工通孔。螺旋丝锥上升旋转排除切屑，适合加工盲孔。大直径的螺纹孔通常采用铣削的方式加工，利用机床的螺旋插补功能，一把螺纹铣刀可以加工多种直径的内、外螺纹，如图 4-3-3 所示。

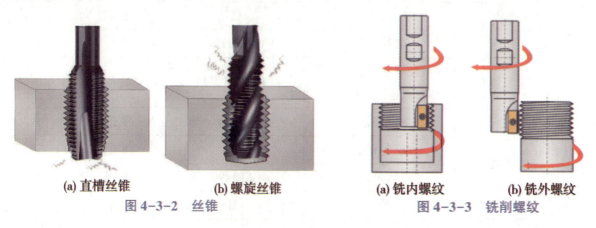

(a) 直槽丝锥　　　　(b) 螺旋丝锥　　　　(a) 铣内螺纹　　　　(b) 铣外螺纹

图 4-3-2　丝锥　　　　　　　　　图 4-3-3　铣削螺纹

二、常用攻丝循环指令的格式及应用

1. 反向（左）攻丝循环 G74

G74 X_ Y_ Z_ R_ P_ Q_ F_ K_ ；

说明。

X_ Y_ ：孔位置数据；

Z_ ：从 R 点到孔底的距离（增量值）或孔底的坐标（绝对值）；

R_ ：从初始点平面到 R 点的距离（增量值），或 R 点的坐标（绝对值）；

P_ ：暂停时间（单位 0.001 秒）；

Q_ ：每次的切削量［参数 PCT（No. 5104#6）= "1"］；

F_ ：切削进给速度；

K_ ：重复次数（仅限需要重复时）。

G74 循环为反向（左）攻丝循环，用于加工反（左旋）螺纹。刀具沿 X、Y 轴定位后，快速移动到 R 点平面，从 R 点平面沿着 Z 方向反转进给到达孔底，到达孔底后主轴暂停时间 P，主轴正转退出，完成攻丝动作，如图 4-3-4 所示。G74 反攻丝中，进给速度倍率和进给保持无效，即使按下"进给保持"按键，在返回动作结束前也不停止。

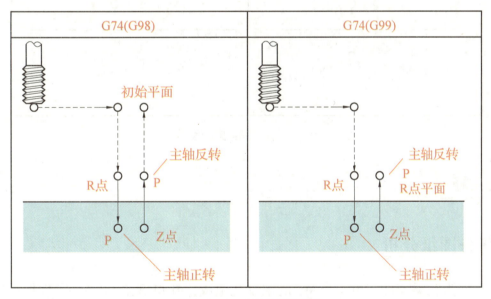

图 4-3-4　G74 循环动作

攻丝加工时，主轴每旋转一圈，刀具进给一个螺距。所以进给速度、丝锥螺距和主轴转速必须匹配，否则会出现乱扣或者损坏刀具的情况。进给速度（F）= 转速（S）×丝锥螺距（P）。

2. 攻丝循环 G84

G84 X_ Y_ Z_ R_ P_ Q_ F_ K_ ；

说明。

X_ Y_ ：孔位置数据；

Z_ : 从 R 点到孔底的距离（增量值）或孔底的坐标（绝对值）；

R_ : 从初始点平面到 R 点的距离（增量值），或 R 点的坐标（绝对值）；

P_ : 暂停时间（单位 0.001 秒）

Q_ : 每次的切削量［参数 PCT（No.5104#6）＝"1"］；

F_ : 切削进给速度；

K_ : 重复次数（仅限需要重复时）。

G84 循环为攻丝循环，用于加工右旋螺纹。刀具沿 X、Y 轴定位后，快速移动到 R 点平面，主轴正转进给，到达孔底后主轴暂停时间 P，主轴反转退出，完成攻丝动作，如图 4-3-5 所示。G84 攻丝中，进给速度倍率和进给保持无效，即使按下"进给保持"按键，在返回动作结束前也不停止。

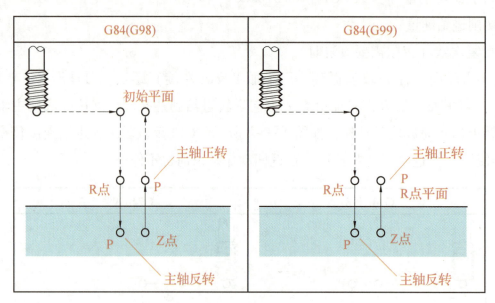

图 4-3-5 G84 循环动作

 **任务实施**

一、任务图纸分析

该任务零件为孔类零件，由 4 个 M6 的螺纹孔组成，孔口倒角 C0.5，零件加工完成后需去除加工过程中产生的毛刺和飞边。

二、制订加工工艺

1. 加工工艺分析

该任务零件外形为方形，可采用平口钳装夹。4 个螺纹孔可以按照钻中心孔——钻底孔——孔口倒角——攻丝的步骤完成。

2. 选择刀具及切削用量

根据对零件的加工工艺分析，M6 螺纹孔底孔直径为 5mm，选用 φ5 的钻头加工螺纹底孔，根据螺纹孔的精度要求选择 M6 的丝锥攻丝。制订刀具卡片如表 4-3-2 所示。注：攻丝进给速度（F）= 主轴转速（S）× 丝锥螺距（P）。

表 4-3-2 刀具卡片（参考）

刀具号	刀具名称	刀柄型号	直径	补偿号		加工内容	参考切削参数		
				D	H		背吃刀量 a_p/mm	主轴转速 S/(r·min^{-1})	进给速度 F/(mm·min^{-1})
01	中心钻	BT40-CHU13-95	φ3			钻中心孔	3	1200	60
02	麻花钻	BT40-CHU13-95	φ5			钻螺纹底孔	16	900	60
03	倒角刀	BT40-ER32-100	φ10			倒角	0.5	500	80
04	丝锥	BT40-TER32-100	M6			攻丝	12	100	100

3. 填写工艺卡片

根据加工工艺和选用刀具情况，填写如表 4-3-3 所示工艺卡片。

表 4-3-3 工艺卡片（学生填写）

加工工艺卡片	产品名称		零件名称		零件图号		材料	
	工作场地		使用设备和系统				夹具名称	
序号	工步内容	切削用量			刀具		备注	
		主轴转速	进给速度	背吃刀量	编号	类型		
1								
2								
3								
4								
编制		审核		批准			日期	

三、程序编制

1. 建立工件坐标系，确定刀具轨迹及点坐标值

零件毛坯为方形，4 个螺纹孔对称分布，为方便对刀及编程，选择对称中心为工件坐标系 X、Y 原点，ϕ56 阶梯孔底面为 Z 轴原点。

零件的编程原点、刀具走刀路线及点坐标如表 4-3-4 所示。

根据工艺分析及所选刀具情况，确定加工刀具轨迹，按照 A→B→C→D 的路线钻中心孔-钻底孔-孔口倒角-攻丝。螺纹底孔应比螺纹孔深，加工到 -16mm 的位置。由于孔径较小，深度大，钻孔时用 G83 深孔钻循环。丝锥底部有导向部分，不能形成有效螺纹，编程攻丝深度设为 -14mm。

表 4-3-4　刀具轨迹及点坐标值

加工内容	图　示	坐　标
螺纹孔	![图示：方形零件上4个对称分布的螺纹孔，中心孔标注A、B、C、D四点，坐标轴X、Y，原点O]	上表面的对称中心为工件坐标系原点： A：X21. Y0. B：X0. Y21. C：X-21. Y0. D：X0. Y-21.

2. 编写加工程序

编写零件加工程序如下（参考）。

钻中心孔程序。

O4301;	程序名
G54 G17 G90 G00 Z150. M03 S1200;	调用坐标系,绝对值编程,主轴正转
M08;	切削液开
G99 G81 X21. Y0. Z-3. R5. F60;	钻孔循环,返回到 R 点平面,钻 A 点
X0. Y21.;	钻 B 点
X-21. Y0.;	钻 C 点
X0. Y-21.;	钻 D 点
G80;	取消钻孔循环
G00 Z150.;	快速抬刀
M30;	程序结束

钻 φ5 螺纹底孔程序。

```
O4302;                                    程序名
G54 G17 G90 G00 Z150. M03 S900;           调用坐标系,绝对值编程,主轴正转
M08;                                      切削液开
G99 G83 X21. Y0. Z-16. R5. Q3. F60;       深孔钻循环,每次 3mm,钻 A 点
X0. Y21.;                                 钻 B 点
X-21. Y0.;                                钻 C 点
X0. Y-21.;                                钻 D 点
G80;                                      取消钻孔循环
G00 Z150.;                                快速抬刀
M30;                                      程序结束
```

倒角程序。

```
O4303;                                    程序名
G54 G17 G90 G00 Z150. M03 S500;           调用坐标系,绝对值编程,主轴正转
M08;                                      切削液开
G99 G82 X21. Y0. Z-3. R5. P500 F80;       孔底暂停 0.5 秒,钻 A 点
X0. Y21.;                                 钻 B 点
X-21. Y0.;                                钻 C 点
X0. Y-21.;                                钻 D 点
G80;                                      取消钻孔循环
G00 Z150.;                                快速抬刀
M30;                                      程序结束
```

攻丝程序。

```
O4304;                                    程序名
G54 G17 G90 G00 Z150. M03 S100;           调用坐标系,绝对值编程,主轴正转
M08;                                      切削液开
G99 G84 X21. Y0. Z-14. R5. F100;          攻丝循环,攻 A 点
X0. Y21.;                                 攻 B 点
X-21. Y0.;                                攻 C 点
X0. Y-21.;                                攻 D 点
G80;                                      取消攻丝循环
G00 Z150.;                                快速抬刀
M30;                                      程序结束
```

四、程序的录入及轨迹仿真

机床开机，回零，选择"EDIT（编辑）"模式，按　键进入程序界面，依次录入加工

程序。切换到自动模式，按机床锁、辅助锁、空运行键，按下　键，进入图形界面，按

"循环启动"运行程序，注意观察刀具运行轨迹，检查刀路是否正确，如图 4-3-6 所示。

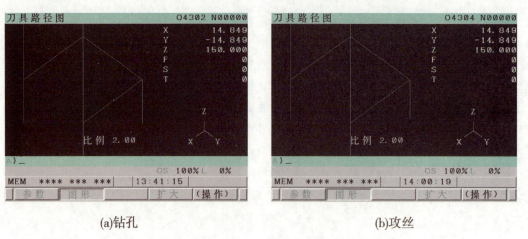

(a)钻孔   (b)攻丝

图 4-3-6   模拟刀具轨迹

五、加工零件

岗位规范小提示：进入加工实训车间，要严格遵守车间管理规定和机床操作规范，穿戴好防护用品。严禁多人同时操作机床，注意保护人身和设备安全。

1. 装夹零件毛坯

检查机床，开机并回零。安装并找正平口钳。测量钳口高度，选择合适平行垫铁，垫起工件，保证工件的水平。夹紧并敲平工件，如图 4-3-7 所示。

2. 设定工件坐标系原点

安装寻边器，用分中法将工件毛坯的对称中心设定为 G54工件坐标系 X、Y 轴原点。

3. 钻中心孔

安装 φ3 中心钻至主轴，Z 轴目测对刀，设定 G54 工件坐

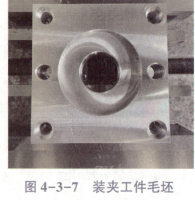

图 4-3-7   装夹工件毛坯

标系 Z 轴原点，如图 4-3-8 所示。编辑模式下调出加工程序 O4301，切换到自动模式，按"循环启动"键运行程序，完成中心孔加工，如图 4-3-9 所示。

图 4-3-8   Z 轴原点

图 4-3-9   钻中心孔

4. 钻螺纹底孔

更换φ5钻头至主轴。重新设定G54工件坐标系Z轴原点。调用O4302程序，切换到自动模式，按下"循环启动"，自动运行程序，完成M5螺纹底孔加工，如图4-3-10所示。

5. 倒角

安装倒角刀至主轴，用Z轴设定器重新设定G54工件坐标系Z轴原点。调用倒角程序O4303，切换到自动模式，运行程序，完成倒角加工，如图4-3-11所示。

6. 攻丝

安装M6丝锥至主轴，重新设定G54工件坐标系Z轴原点。调用攻丝程序O4304，切换到自动模式，运行程序，完成螺纹孔加工，如图4-3-12所示。可用螺纹塞规检测螺纹孔是否合格。

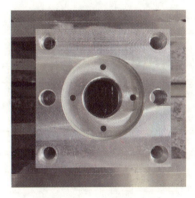
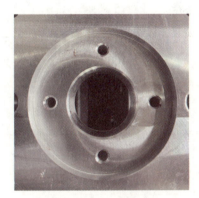

图4-3-10 螺纹底孔   图4-3-11 倒角   图4-3-12 螺纹孔

7. 整理机床

卸下工件，去除加工产生的毛刺。按照车间7S管理规定整理工作岗位，清扫机床，刀量具擦净摆放整齐，关闭机床电源，清扫车间卫生。

六、检测零件

各小组依据图纸要求检测零件，并将检测结果填入表4-3-5中。

表4-3-5 零件检测表

序号	检测项目	检测内容	配分	检测要求	学生自评		老师测评	
					自测	互测	检测	得分
1	螺纹孔	M6 四处	20	超差不得分				
2	深度	14	10	超差0.1扣2分				
3	深度	16	10	超差0.1扣2分				
4	倒角	C0.5	10	超差0.1扣2分				
5	表面粗糙度	Ra3.2	10	一处不合格扣1分				

续表

序号	检测项目	检测内容	配分	检测要求	学生自评		老师测评	
					自测	互测	检测	得分
6	去除毛刺、飞边	是否去除	10	一处不合格扣 1 分				
7	时间	工件按时完成	10	未按时完成不得分				
8	现场操作规范	安全文明操作	10	违反操作规程按程度扣分				
9		工量具使用	5	工量具使用错误，每项扣 1 分				
10		设备维护保养	5	违反维护保养规程，每项扣 1 分				
11	合计（总分）		100	机床编号	总得分			
12	开始时间		结束时间		加工时间			

任务评价与总结

根据任务完成情况，填写任务评价表（表 4-3-6）和任务总结表（表 4-3-7）。

表 4-3-6　任务评价表

任务名称			日期		
评价项目	评价标准		配分	自我评分	教师评分
工艺过程 10%	合理编制工艺过程，刀具选用合理，程序正确，任务实施过程符合工艺要求		10		
安全操作规范 15%	正确规范操作设备，加工无碰撞，能正确处理任务实施出现的异常情况。保证人身和设备安全		15		
任务完成情况 50%	按照任务要求，按时完成任务，零件尺寸符合图纸要求。正确完成零件尺寸的检测		50		
职业素养 15%	着装整齐规范，遵守纪律，工作中态度积极端正，严格遵守安全操作规程，无安全事故。工量具摆放整齐有序，任务完成后及时维护、保养、清扫设备，遵守 7S 管理规定		15		
团队协作 10%	小组成员分工明确，积极参与任务实施。团队协作，共同讨论、交流，解决加工中的问题		10		
合计	100				

表 4-3-7　任务总结表

自我总结	通过本任务的学习，谈谈自己的收获和存在的问题： 学生签名： 日期：
教师总结	对学生的评价与建议： 教师签名： 日期：

本模块主要是检验同学们对基本加工技能的掌握情况，通过本模块的学习和训练，可进一步提高综合零件的加工与检测能力，还可以掌握极坐标指令的应用和百分表对刀的方法。通过该任务的加工，检验是否达到"1+X"技能考核要求。

"1+X"技能考核

任务一 "1+X"技能考核数控铣初级试题 —— 极坐标指令的格式及应用
—— 综合零件的加工与检测

任务二 "1+X"技能考核数控铣中级试题 —— 百分表对刀的方法
—— 综合零件的加工与检测

任务一　"1+X" 技能考核数控铣初级试题

任务目标

【知识目标】

1. 掌握综合零件的编程方法。

2. 掌握综合零件的工艺编排。

【技能目标】

1. 能够完成综合零件的加工。

2. 具备数控铣工职业资格。

【素养目标】

1. 具有安全文明生产和遵守操作规程的意识。

2. 具有分析问题、解决问题的能力。

3. 具有工匠精神和产品质量意识。

任务要求

同学们，我们车间接到一批端盖的加工任务，零件如图 5-1-1 所示。同时该任务也可作为数控铣工初级技能的 "1+X" 考证操作考试题。该任务材料为 2A12 铝合金，毛坯尺寸为 90mm×90mm×25mm。请同学们根据图纸要求，在 3 小时以内完成端盖零件的加工。

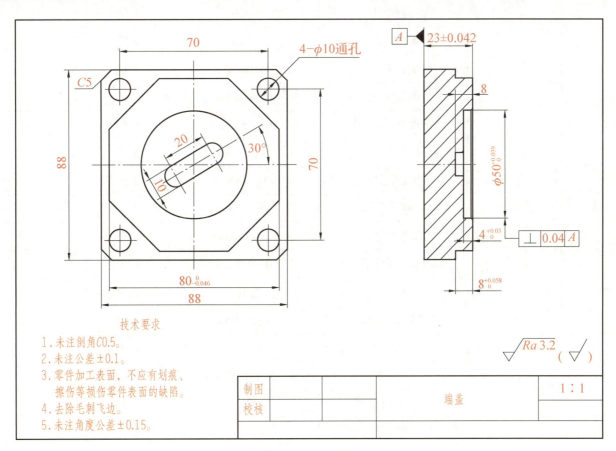

技术要求

1. 未注倒角C0.5。
2. 未注公差±0.1。
3. 零件加工表面，不应有划痕、擦伤等损伤零件表面的缺陷。
4. 去除毛刺飞边。
5. 未注角度公差±0.15。

制图			端盖		1：1
校核					

图 5-1-1 端盖

任务准备

完成该任务需要准备的实训物品如表 5-1-1 所示。

表 5-1-1 实训物品清单

序号	种类	名称	规格	数量	备注
1	机床	数控铣床	VMC850 或其他	8 台	
2	学习资料	《数控铣床编程手册》《数控铣床操作手册》	FANUC 系统	8 本	

续表

序号	种类	名称	规格	数量	备注
3	刀具	中心钻	$\phi3$	8 把	
		麻花钻头	$\phi10$	8 把	
		端铣刀	$\phi63$	8 把	
		立铣刀	$\phi20$	8 把	
		键槽铣刀	$\phi10$	8 把	
		倒角铣刀	$\phi10\times90°$	8 把	
4	量具	游标卡尺	0～150mm	8 把	
		深度游标卡尺	0～150mm	8 把	
		外径千分尺	0～25mm	8 把	
		外径千分尺	75～100mm	8 把	
		内测千分尺	25～50mm	8 把	
		深度千分尺	0～25mm	8 把	
		杠杆百分表	0～0.8mm	8 个	
		寻边器	光电式	8 个	
		Z 轴设定器	高度 50mm	8 个	
5	附具	磁力表座		8 个	
		平口钳	6 寸或 8 寸	8 台	
		组合平行垫铁	12 组	8 套	
		橡胶锤		8 把	
		毛刷		8 把	
		修边器		8 把	
6	材料	铝块	90mm×90mm×25mm	8 块	
7	工具车			8 辆	

 相关知识

一、极坐标指令的应用

极坐标指令可以在半径和角度的极坐标上输入终点坐标值。从指定极坐标指令的平面的第一轴的正方向,沿逆时针方向的角度为正,沿顺时针方向的角度为负。此外,在绝对值指令/增量值指令(G90、G91)下都可以指定半径和角度。

极坐标指令格式:

G□□G○○G16；极坐标指令（极坐标方式）开始

G00 IP ＿ ；

⋮

G15；极坐标指令（极坐标方式）取消

说明。

G16：极坐标指令开始。

G15：极坐标指令取消。

G□□：极坐标指令的平面选择（G17 、G18 或 G19）。

G○○：极坐标指令的中心选择（G90 或 G91）。G90 时工件坐标系的原点为极坐标的中心，G91 时当前位置为极坐标的中心。

IP_ ：构成极坐标指令的平面的轴地址和指令值，平面的第一轴指定极坐标的半径。平面的第二轴指定极坐标的角度。如 G17 平面，第一轴为 X 代表半径，第二轴为 Y 代表角度。

以绝对值指定半径值时，工件坐标系的原点成为极坐标的中心，如图 5-1-2 所示。但是，在使用局部坐标系（G52）时，局部坐标系的原点成为极坐标的中心。

以增量值指定半径值，当前位置被设为极坐标的中心，如图 5-1-3 所示。

在极坐标方式下，用 R 指令来指定圆弧插补、螺旋插补（G02、G03）的半径。特别注意的是：在极坐标方式下，不能指定任意角度的倒角／拐角 R。

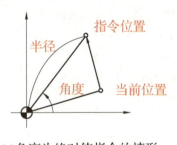
(a)角度为绝对值指令的情形

(b)角度为增量值指令的情形

图 5-1-2　以绝对值指定半径值

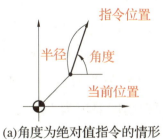
(a)角度为绝对值指令的情形

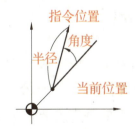
(b)角度为增量值指令的情形

图 5-1-3　以增量值指定半径值

二、极坐标指令应用举例

使用极坐标指令编写如图 5-1-4 所示的程序。

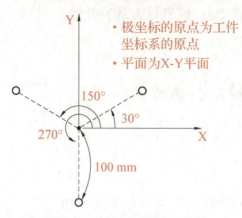

图 5-1-4　极坐标指令应用

1. 半径值和角度为绝对值指令时

N1 G17 G90 G16;	极坐标指令 X-Y 平面选择
	极坐标的原点为工件坐标系的原点
N2 G01 X100. Y30. F200;	半径 100mm、角度 30°
N3 G01 Y150. ;	半径 100mm、角度 150°
N4 G01 Y270. ;	半径 100mm、角度 270°
N5 G15;	极坐标指令取消

2. 半径值为绝对值指令而角度为增量值指令时

N1 G17 G90 G16;	极坐标指令 X-Y 平面选择
	极坐标的原点为工件坐标系的原点
N2 G01 X100. Y30. F200;	半径 100mm、角度 30°
N3 G91 Y120. ;	半径 100mm、角度 120°
N4 Y120. ;	半径 100mm、角度 120°
N5 G15;	极坐标指令取消

 任务实施

一、任务图纸分析

该任务零件外形为方形。中间有一个八边形凸台，凸台中心有一个圆形型腔和一个直槽。其中八边形凸台和圆形型腔尺寸均有公差要求，其余尺寸公差为±0.1。四个角上均布 4 个通孔。圆形型腔相对于底面的垂直度要求为 0.04。表面粗糙度要求为 $Ra3.2$，零件加工完成后需去除加工过程中产生的毛刺和飞边。

二、制订加工工艺

1. 加工工艺分析

该任务零件外形为方形，可采用平口钳装夹。由于圆形型腔和基准面 A 有垂直度要求，所以应先加工基准面 A 和正方形外形,正方形尺寸公差为 ±0.1,可采用粗精铣的方式完成加工。然后反过来夹持已经加工好的正方形,铣削平面,保证高度。然后加工八边形凸台,再加工中间 $\phi50$ 圆形型腔和中间直槽,八边形和圆形型腔轮廓尺寸有公差要求,应采用粗加工——半精加工——精加工的方式完成。最后加工 4 个 $\phi10$ 通孔。

2. 选择刀具及切削用量

根据对零件的加工工艺分析,正方形外形、八边形凸台和 $\phi50$ 圆形型腔选用 $\phi20$ 立铣刀加工,提高加工效率。中间直槽宽度为 10mm,尺寸公差较大,可选用 $\phi10$ 键槽铣刀加工。4个 $\phi10$ 的孔先用中心钻钻中心孔,然后用 $\phi10$ 钻头钻孔。制订刀具卡片如表 5-1-2 所示。

表 5-1-2 刀具卡片 (参考)

刀具号	刀具名称	刀柄型号	直径	补偿号		加工内容	参考切削参数		
				D	H		背吃刀量 a_p/mm	主轴转速 $S/(\text{r} \cdot \text{min}^{-1})$	进给速度 $F/(\text{mm} \cdot \text{min}^{-1})$
01	端铣刀	BT40	$\phi63$			铣面	0.5~2	1500	500
02	立铣刀	BT40-ER32-100	$\phi20$	D01		轮廓、型腔	5	900	300
03	键槽铣刀	BT40-ER32-100	$\phi10$			直槽	6	1200	200
04	中心钻	BT40-CHU13-95	$\phi3$			钻中心孔	3	1200	60
05	麻花钻	BT40-CHU13-95	$\phi10$			钻通孔	30	800	60

3. 填写工艺卡片

根据加工工艺和选用刀具情况,填写如表 5-1-3 所示工艺卡片。

表 5-1-3 工艺卡片 (学生填写)

加工工艺卡片	产品名称	零件名称	零件图号	材料
	工作场地	使用设备和系统		夹具名称

序号	工步内容	切削用量			刀具		备注
		主轴转速	进给速度	背吃刀量	编号	类型	
1							
2							
3							
4							
编制		审核		批准		日期	

三、程序编制

1. 建立工件坐标系，确定刀具轨迹及点坐标值

根据零件形状和尺寸标注，为方便对刀及编程，选择上表面的对称中心为工件坐标系原点。为保证加工质量，选择顺铣加工路线。

零件的编程原点、刀具走刀路线及点坐标如表 5-1-4 所示。

表 5-1-4　刀具轨迹及点坐标

加工内容	图　示	坐　标
正方形外形		上表面的对称中心为工件坐标系原点 A：X0. Y-65. B：X16. Y-60. C：X0. Y-44. D：X-44. Y-44. E：X-44. Y44. F：X44. Y44. G：X44. Y-44. H：X-16. Y-60.
八边形、圆形型腔		a：X0. Y-65. b：X15. Y-55. c：X0. Y-40. l：X-15. Y-55. a1：X8. Y0. b1：X10. Y-15. c1：X25. Y0. d1：X10. Y15. 八边形使用极坐标指令编程，中心点为 O 点，半径为 43.3

续表

加工内容	图　示	坐　标
槽、孔		1：X10. Y0. 2：X−10. Y0. 3：X35. Y−35. 4：X35. Y35. 5：X−35. Y35. 6：X−35. Y−35.

正方形外轮廓加工，采用圆弧切入、圆弧切出。编程时 C5 倒角采用倒角的功能，只需要计算出两边的交点坐标。先将刀具快速定位到下刀点 A，注意下刀点应选择在毛坯的外侧，通常距离毛坯大于刀具直径。下刀至要加工深度，直线插补至 B 点，并建立刀具半径补偿，圆弧插补至 C 点切入工件（切入、切出圆弧半径大于刀具半径），依次按照 C→D→E→F→G→C 和箭头指示的方向切削整个轮廓，当刀具再次回到 C 点，圆弧切出至 H 点，直线插补至 A 点并取消刀具半径补偿，抬刀至安全高度。

八边形轮廓编程时采用极坐标指令，以简化编程。采用圆弧切入、圆弧切出。先将刀具快速定位到下刀点 a，注意下刀点应选择在毛坯的外侧，下刀至要加工深度，直线插补至 b 点，并建立刀具半径补偿，圆弧插补至 c 点切入工件，依次按照 c→d→e→f→g→h→i→j→k→c 及箭头指示的方向切削整个轮廓，圆弧切出至 l 点，直线插补至 a 点并取消刀具半径补偿，抬刀至安全高度。

圆形型腔采用螺旋下刀的方式，以 a1 点为起点，整圆螺旋插补至要加工深度，然后整圆平切一圈去除型腔中间余量，直线插补至 b1 点，建立刀具半径补偿，圆弧插补至 c1 点，整圆切削轮廓，圆弧插补至 d1 点切出轮廓，直线插补至 a1 点取消刀具半径补偿，抬刀至安全高度。

中间直槽轨迹，编程时可按照水平方向编程，利用坐标系旋转指令将坐标系旋转 30°。由于尺寸精度要求不高，可用 φ10 键槽铣刀沿槽中心切削，完成加工。从 1 点下刀至要加工深度，直线切削至 2 点，抬刀至安全高度。

孔加工轨迹，先在点 3、4、5、6 处用中心钻钻中心孔，然后用钻头钻通孔。

2. 编写加工程序

编写零件加工程序如下（参考）。

正方形程序。

```
O5101;                              程序名
G54 G17 G90 M03 S900;               调用坐标系,绝对值编程,主轴正转
G00 Z150. M08;                      抬高至安全高度,切削液开
X0. Y-65.;                          刀具快速移动到下刀点 A
Z5.;                                刀具快速定位
G01 Z-16. F300;                     下刀至加工深度,分层加工,每层 8mm
G41 G01 X16. Y-60. D01;             直线插补至 B 点,建立刀具半径补偿
G03 X0. Y-44. R16.;                 圆弧切入至 C 点
G01 X-44. Y-44. ,C5;                直线插补至 D 点,倒角功能
G01 Y44. ,C5;                       直线插补至 E 点
X44. ,C5;                           直线插补至 F 点
Y-44. ,C5;                          直线插补至 G 点
X0.;                                直线插补至 C 点
G03 X-16. Y-60. R16.;               圆弧切出到 H 点
G40 G01 X0. Y-65.;                  取消刀具半径补偿
G01 Z5.;                            抬刀
G00 Z150.;                          快速抬刀至安全高度
M05;                                主轴停止
M30;                                程序结束
```

八边形轮廓程序。

```
O5102;                              程序名
G54 G17 G90 M03 S900;               调用坐标系,绝对值编程,主轴正转
G00 Z150. M08;                      抬高至安全高度,切削液开
X0. Y-65.;                          刀具快速移动到下刀点 a
Z5.;                                刀具快速定位
G01 Z-8. F300;                      下刀至加工深度,分层加工,每层 4mm
G41 G01 X15. Y-55. D01;             直线插补至 b 点,建立刀具半径补偿
G03 X0. Y-40. R15.;                 圆弧切入 c 点
G16 G01 X43.3 Y247.5;               极坐标有效,半径 43.3,角度 247.5
Y202.5;                             直线插补至 e 点,角度 202.5
Y157.5;                             直线插补至 f 点,角度 157.5
Y112.5;                             直线插补至 g 点,角度 112.5
Y67.5;                              直线插补至 h 点,角度 67.5
Y22.5;                              直线插补至 i 点,角度 22.5
Y-22.5;                             直线插补至 j 点,角度 -22.5
Y-67.5;                             直线插补至 k 点,角度 -67.5
G15 G01 X0.;                        取消极坐标
G03 X-15. Y-55. R15.;               圆弧切出至 l 点
G40 G01 X0. Y-65.;                  取消刀具半径补偿
G01 Z5.;                            抬刀
G00 Z150.;                          快速抬刀至安全高度
M05;                                主轴停止
M30;                                程序结束
```

圆形型腔程序。

```
O5103;                         程序名
G54 G17 G90 M03 S900;          调用坐标系,绝对值编程,主轴正转
G00 Z150. M08;                 抬高至安全高度,切削液开
X8. Y0. ;                      刀具快速移动到下刀点a1
Z5. ;                          刀具快速定位
G01 Z0.1 F300;                 下刀至工件上表面
G03 I-8. Z-4. ;                螺旋插补至要加工的深度
G03 I-8. ;                     平切去除余量
G41 G01 X10. Y-15. D01;        直线插补至b1点,建立刀具半径补偿
G03 X25. Y0. R15. ;            圆弧切入至c1点
G03 I-25. ;                    圆弧插补φ50轮廓
G03 X10. Y15. R15. ;           圆弧插补至d1点
G40 G01 X8. Y0. ;              取消刀具半径补偿
G01 Z5. ;                      抬刀
G00 Z150. ;                    快速抬刀至安全位置
M05;                           主轴停止
M30;                           程序结束
```

中间直槽程序。

```
O5104;                         程序名
G54 G17 G90 M03 S1200;         调用坐标系,绝对值编程,主轴正转
G00 Z150. M08;                 抬高至安全高度,切削液开
G68 X0. Y0. R30. ;             坐标系旋转30°
X10. Y0. ;                     刀具快速移动到下刀点1
Z2. ;                          刀具快速定位
G01 Z-8. F50;                  下刀至要加工的深度
G01 X-10. Y0. F200;            直线插补至2点
G01 Z5. ;                      抬刀
G00 Z150. ;                    快速抬刀至安全位置
G69;                           取消坐标系旋转功能
M05;                           主轴停止
M30;                           程序结束
```

钻中心孔程序。

```
O5105;                              程序名
G54 G17 G90 M03 S1200;              调用坐标系,绝对值编程,主轴正转
G00 Z150. M08;                      抬高至安全高度,切削液开
Z10. ;                              定义初始高度
G98 G81 X35. Y-35. Z-11. R-5. F80;  返回到初始高度,钻孔循环,钻3点
X35. Y35. ;                         钻4点
```

```
X-35. Y35. ;                         钻5点
X-35. Y-35. ;                        钻6点
G80;                                 取消钻孔循环
G00 Z150. ;                          快速抬刀至安全高度
M05;                                 主轴停止
M30;                                 程序结束
```

钻φ10孔程序。

```
O5106;                               程序名
G54 G17 G90 M03 S800;                调用坐标系,绝对值编程,主轴正转
G00 Z150. M08;                       抬高至安全高度,切削液开
Z10. ;                               定义初始高度
G98 G83 X35. Y-35. Z-30. R-5. Q3. F80;  返回到初始高度,钻孔循环,钻3点
X35. Y35. ;                          钻4点
X-35. Y35. ;                         钻5点
X-35. Y-35. ;                        钻6点
G80;                                 取消钻孔循环
G00 Z150. ;                          快速抬刀至安全高度
M05;                                 主轴停止
M30;                                 程序结束
```

四、程序的录入及轨迹仿真

机床开机,回零,选择"EDIT(编辑)"模式,按 键进入程序界面,依次录入加工程序。切换到自动模式,按机床锁、辅助锁、空运行键,按下 键,进入图形界面,按"循环启动"运行程序,注意观察刀具运行轨迹,检查刀路是否正确,如图5-1-5所示。

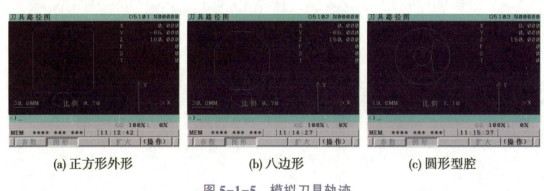

(a) 正方形外形   (b) 八边形   (c) 圆形型腔

图5-1-5 模拟刀具轨迹

五、加工零件

岗位规范小提示:进入加工实训车间,要严格遵守车间管理规定和机床操作规范,穿戴好防护用品。严禁多人同时操作机床,注意保护人身和设备安全。

1. 装夹零件毛坯

检查机床，开机并回零。安装并找正平口钳。测量钳口高度，选择合适平行垫铁，垫起工件，伸出钳口大于 16mm，保证工件的水平。夹紧并敲平工件如图 5-1-6 所示。

2. 设定工件坐标系原点

安装寻边器，用分中法将工件毛坯的对称中心设定为 G54 工件坐标系 X、Y 轴原点。

3. 铣削平面

安装 φ63 端铣刀，MDI 模式输入 M03 S1500，按"循环启动"使主轴正转。用手轮控制刀具移动，手动铣削上表面，去除毛坯表面层即可，深度约 0.5mm，如图 5-1-7 所示。

图 5-1-6　装夹工件毛坯

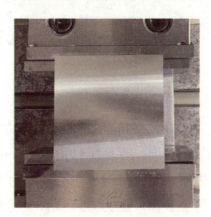

图 5-1-7　铣削上表面

4. 铣削正方形轮廓

安装 φ20 立铣刀至主轴，校准 Z 轴设定器并放置在工件上方，将刀具移动到 Z 轴设定器上方，慢慢压至零位，如图 5-1-8 所示。按 ▣ 键，切换到坐标系设置界面，将光标调整到 G54 坐标系，输入 Z50，点击测量完成 Z 向对刀，如图 5-1-9 所示。

图 5-1-8　Z 向对刀

图 5-1-9　Z 轴输入

编辑模式调出 O5101 加工程序，将加工深度 Z-16. 修改为 Z-8.，分层加工。按 ▣ 键，切换到刀补设置界面，将 D01 号半径补偿值修改为 10.2，如图 5-1-10 所示。切换到自动模式，按"循环启动"键自动运行程序，程序运行完毕，切换到编辑模式，修改程序下刀深度为 Z-16.，切换到自动模式，再次运行程序，完成轮廓粗加工。切换到刀补设置界面，将 D01

号半径补偿值修改为 10.，切换到自动模式，按"循环启动"键自动运行程序，完成轮廓精加工，如图 5-1-11 所示，用千分尺检测尺寸是否合格。

刀偏			O5101 N00000	
号	形状（H）	磨损（H）	形状（D）	磨损（D）
001	0.000	0.000	10.200	0.000
002	0.000	0.000	0.000	0.000
003	0.000	0.000	0.000	0.000
004	0.000	0.000	0.000	0.000
005	0.000	0.000	0.000	0.000
006	0.000	0.000	0.000	0.000
007	0.000	0.000	0.000	0.000
008	0.000	0.000	0.000	0.000

相对坐标 X　　　　0.000　Y　　　　0.000
　　　　　Z　　　　0.000

A)_

　　　　　　　　　　　　　OS 120%L 0%
编辑 **** *** ***　　10:45:09
‖　刀偏　‖　设定　‖　坐标系　‖　（操作）‖

图 5-1-10　修改半径补偿值　　　　　　图 5-1-11　正方形轮廓

5. 铣削八边形凸台轮廓

掉头装夹工件，夹持已加工好的正方形，伸出钳口高度大于 10mm，主轴安装 ϕ63 端铣刀，手动铣削上表面，保证工件高度 23mm。

安装寻边器，将工件对称中心设定为 G54 工件坐标系 X、Y 原点，安装 ϕ20 立铣刀，用 Z 轴设定器，将上表面设定为 G54 工件坐标系 Z 轴原点。

调用八边形加工程序 O5102，按 ⌨ 键，将 D01 号半径补偿值修改为 10.2。切换到自动模式，运行程序，完成轮廓粗加工。测量工件深度和轮廓尺寸，深度如有误差可修改下刀深度。将 D01 号半径补偿值修改为 10.05，再次运行程序，完成半精加工，千分尺测量八边形尺寸，根据测量结果修改刀具半径补偿值，如实际测量结果比理论数值大 0.1，则用 10.05 减去 0.1 的一半，即 D01＝10.（10.05-0.1/2）。再次运行程序，完成精加工，如图 5-1-12 所示。

6. 加工 ϕ50 圆形型腔

调用圆形型腔加工程序 O5103，修改刀具半径补偿值为 10.2，切换到自动模式，运行程序，完成粗加工。修改半径补偿值为 10.05，再次运行程序完成半精加工，测量 ϕ50 轮廓尺寸及深度尺寸，根据测量值，修改半径补偿值，自动运行程序，完成精加工，如图 5-1-13 所示。

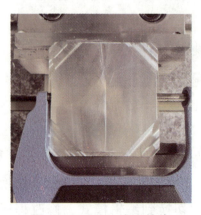

图 5-1-12　八边形轮廓　　　　　　　图 5-1-13　ϕ50 圆形型腔

7. 加工中间直槽

更换 $\phi10$ 键槽铣刀至主轴，用 Z 轴设定器重新设定 G54 工件坐标系 Z 轴原点。调用 O5104 号直槽加工程序，切换到自动模式，运行程序，完成直槽加工，如图 5-1-14 所示。

8. 加工 4-$\phi10$ 通孔

安装 $\phi3$ 中心钻至主轴，Z 向目测对刀，设定 G54 工件坐标系 Z 轴原点。调用 O5105 号程序，自动模式运行程序，钻中心孔，如图 5-1-15 所示。

更换 $\phi10$ 钻头至主轴，重新设定 G54 工件坐标系 Z 轴原点。调用 O5106 号程序，切换到自动模式，自动运行程序，完成钻孔，如图 5-1-16 所示。

图 5-1-14　直槽

图 5-1-15　中心孔

9. 倒角

更换倒角铣刀至主轴，用 Z 轴设定器重新设定 G54 工件坐标系 Z 轴原点。调用八边形加工程序 O5102，依据倒角铣刀尺寸和图纸倒角尺寸，计算出半径补偿值和下刀深度，修改半径补偿值和下刀深度，自动运行程序，完成八边形轮廓倒角 C0.5。调用 O5103 圆形型腔加工程序，计算并修改刀具半径补偿值和下刀深度，自动运行程序，完成倒角加工，如图 5-1-17 所示。

图 5-1-16　$\phi10$ 通孔

图 5-1-17　倒角

10. 整理机床

卸下工件，去除加工产生的毛刺。按照车间 7S 管理规定整理工作岗位，清扫机床，刀量具擦净摆放整齐，关闭机床电源，清扫车间卫生。

六、检测零件

各小组依据图纸要求检测零件，并将检测结果填入表 5-1-5 中。

表 5-1-5　检测零件细表

序号	检测项目	检测内容	配分	检测要求	学生自评		老师测评	
					自测	互测	检测	得分
1	宽度	88 两处	6	超差 0.01 扣 1 分				
2	宽度	$80_{-0.046}^{0}$ 三处	12	超差 0.01 扣 1 分				
3	直径	$\phi50_{0}^{+0.039}$	6	超差 0.01 扣 1 分				
4	深度	$4_{0}^{+0.03}$	5	超差 0.01 扣 1 分				
5	深度	$8_{0}^{+0.058}$	5	超差 0.01 扣 1 分				
6	高度	23±0.042	5	超差 0.01 扣 1 分				
7	深度	8	4	超差 0.1 扣 2 分				
8	直径	$\phi10$ 四处	8	超差 0.1 扣 2 分				
9	孔距	70	4	超差 0.1 扣 2 分				
10	宽度	10	2	超差 0.1 扣 2 分				
11	半径	$R6$ 四处	4	超差 0.1 扣 2 分				
12	垂直度	0.04	3	超差不得分				
13	粗糙度	$Ra3.2$	3	一处不合格扣 1 分				
14	去除毛刺、飞边	是否去除	3	一处不合格扣 1 分				
15	时间	工件按时完成	10	未按时完成不得分				
16	现场操作规范	安全文明操作	10	违反操作规程按程度扣分				
17		工量具使用	5	工量具使用错误，每项扣 1 分				
18		设备维护保养	5	违反维护保养规程，每项扣 1 分				
19	合计（总分）		100	机床编号	总得分			
20	开始时间		结束时间		加工时间			

任务评价与总结

根据任务完成情况，填写任务评价表（表5-1-6）和任务总结表（表5-1-7）。

表 5-1-6　任务评价表

任务名称			日期		
评价项目	评价标准		配分	自我评分	教师评分
工艺过程 10%	合理编制工艺过程，刀具选用合理，程序正确，任务实施过程符合工艺要求		10		
安全操作规范 15%	正确规范操作设备，加工无碰撞，能正确处理任务实施出现的异常情况。保证人身和设备安全		15		
任务完成情况 50%	按照任务要求，按时完成任务，零件尺寸符合图纸要求。正确完成零件尺寸的检测		50		
职业素养 15%	着装整齐规范，遵守纪律，工作中态度积极端正，严格遵守安全操作规程，无安全事故。工量具摆放整齐有序，任务完成后及时维护、保养、清扫设备，遵守 7S 管理规定		15		
团队协作 10%	小组成员分工明确，积极参与任务实施。团队协作，共同讨论、交流，解决加工中的问题		10		
合计	100				

表 5-1-7　任务总结表

自我总结	通过本任务的学习，谈谈自己的收获和存在的问题：
	学生签名：
	日期：
教师总结	对学生的评价与建议：
	教师签名：
	日期：

任务二　"1+X"技能考试数控铣中级试题

任务目标

【知识目标】

1. 掌握综合零件的编程方法。
2. 掌握综合零件的工艺编排。

【技能目标】

1. 能够完成综合零件的加工并保证尺寸精度。
2. 具备数控铣工职业资格。

【素养目标】

1. 具有安全文明生产和遵守操作规程的意识。
2. 具有团队精神和分析问题、解决问题的能力。
3. 具有工匠精神和精益求精的精神。

任务要求

同学们，我们车间接到一批电动机端盖的加工任务，零件如图 5-2-1 所示，同时该任务也作为数控铣工中级技能实操考试题。该任务材料为 2A12 铝合金，毛坯为尺寸为 90mm× 90mm×25mm。请同学们根据图纸要求，在 3 个小时以内完成端盖零件的加工。

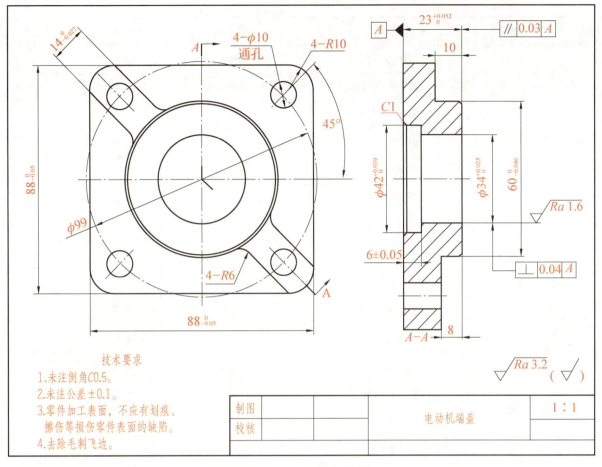

图 5-2-1 　电动机端盖

任务准备

完成该任务需要准备的实训物品如表 5-2-1 所示。

表 5-2-1 　实训物品清单

序号	种类	名称	规格	数量	备注
1	机床	数控铣床	VMC850 或其他	8 台	
2	学习资料	《数控铣床编程手册》《数控铣床操作手册》	FANUC 系统	8 本	
3	刀具	中心钻	$\phi3$	8 把	
		麻花钻头	$\phi10$	8 把	
		端铣刀	$\phi63$	8 把	
		立铣刀	$\phi20$	8 把	
		立铣刀	$\phi10$	8 把	
		精镗刀	可镗 $\phi34$ 孔	8 把	
		倒角刀	$\phi10\times90°$	8 把	

续表

序号	种类	名称	规格	数量	备注
4	量具	游标卡尺	0~150mm	8把	
		深度游标卡尺	0~150mm	8把	
		外径千分尺	0~25mm	8把	
		外径千分尺	50~75mm	8把	
		外径千分尺	75~100mm	8把	
		内测千分尺	25~50mm	8把	
		深度千分尺	0~25mm	8把	
		杠杆百分表	0~0.8mm	8个	
		寻边器	光电式	8个	
		Z轴设定器	高度50mm	8个	
5	附具	磁力表座		8个	
		平口钳	6寸或8寸	8台	
		组合平行垫铁	12组	8套	
		橡胶锤		8把	
		毛刷		8把	
		修边器		8把	
6	材料	铝块	90mm×90mm×25mm	8块	
7	工具车			8辆	

 相关知识

百分表（或千分表）对刀法

如果工件为圆形，一般以圆柱或者孔的中心作为工件坐标系 X、Y 轴的原点。这时除了可以使用试切法或寻边器进行对刀外，还经常使用杠杆表进行对刀，如图 5-2-2 所示。当工件的一面及四周的一部分已经加工，反过来加工另一面和四周时，用试切或寻边器对刀往往会导致对刀不准确或者发生干涉，此时可以使用杠杆表对刀。

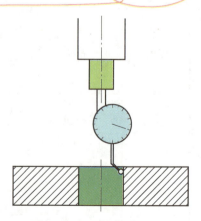

图 5-2-2　杠杆表对刀

1. 首先将百分表的安装杆装在刀柄上，或将百分表的磁性表座吸在主轴套筒上。

2. 移动工作台使主轴中心线（即刀具中心）大约移到工件中心。

3. 调节磁性表座上伸缩杆的长度和角度，使百分表的触头接触工件的圆周面。

4. 用手慢慢转动主轴，使百分表的触头沿着工件的圆周面转动，观察百分表指针的摆动情况，慢慢移动工作台的 X 轴和 Y 轴，多次反复后，待转动主轴与百分表的指针基本在同一位置（转动一周时，其指针的跳动量在允许的对刀误差内，如 0.01mm）时，可认为主轴的中心就是 X 轴和 Y 轴的原点。

 任务实施

一、任务图纸分析

该任务零件外形为正方形，由正反两面要素组成。中间有一个 $\phi34$ 的通孔，公差要求为 $^{+0.025}_{0}$，表面粗糙度要求为 $Ra1.6$。反面有一个 $\phi42$ 的阶梯孔，深度为 6mm，直径和深度尺寸均有公差要求。正面有一个 $\phi60$ 的圆形凸台，尺寸公差要求为 $^{0}_{-0.046}$，底面有两个宽 14mm 的凸台，宽度尺寸公差要求为 $^{0}_{-0.027}$。中间通孔相对于基准面 A 垂直度要求为 0.04，上下两面平行度要求为 0.03，其余表面粗糙度要求为 $Ra3.2$，零件加工完成后需去除加工过程中产生的毛刺和飞边。

二、制订加工工艺

1. 加工工艺分析

该任务零件外形为方形，可采用平口钳装夹。为保证中间孔和基准面 A 的垂直度要求，应在一次装夹中完成加工。先将基准面 A 朝上装夹，铣削基准面 A，粗精铣正方形外形，然后加工中间通孔和阶梯孔。接下来反过来装夹，铣削平面保证工件高度，注意选取已加工 $\phi34$ 孔为对刀基准建立工件坐标系，保证上下两面要素位置度。再加工圆形凸台和底部凸台。最后加工 4 个 $\phi10$ 通孔。加工中注意区分粗精加工，以保证加工精度。

2. 选择刀具及切削用量

根据对零件的加工工艺分析，选用 $\phi63$ 端铣刀铣削平面。正方形外形、$\phi42$ 阶梯孔选用 $\phi20$ 立铣刀加工。中间 $\phi34$ 通孔选用 $\phi20$ 立铣刀粗铣，然后用精镗刀镗削。另外一面圆形凸台选择 $\phi20$ 立铣刀加工，底部凸台 R 角为 R6，故选用 $\phi10$ 立铣刀加工。4 个 $\phi10$ 的孔先用中心钻钻中心孔，然后用 $\phi10$ 钻头钻孔。制订刀具卡片如表 5-2-2 所示。

表 5-2-2 刀具卡片（参考）

刀具号	刀具名称	刀柄型号	直径	补偿号		加工内容	参考切削参数		
				D	H		背吃刀量 a_p/mm	主轴转速 $S/(r \cdot min^{-1})$	进给速度 $F/(mm \cdot min^{-1})$
01	端铣刀	BT40	$\phi63$			铣面	0.5~2	1500	600

刀具号	刀具名称	刀柄型号	直径	补偿号 D	补偿号 H	加工内容	参考切削参数 背吃刀量 a_p/mm	参考切削参数 主轴转速 S/(r·min⁻¹)	参考切削参数 进给速度 F/(mm·min⁻¹)
02	立铣刀	BT40-ER32-100	$\phi20$	D01		轮廓、孔、凸台	5	900	300
03	立铣刀	BT40-ER32-100	$\phi10$	D02		底部凸台	2	1200	200
04	倒角铣刀	BT40-ER32-100	$\phi10$	D03		倒角	1	1200	300
05	中心钻	BT40-CHU13-95	$\phi3$			钻中心孔	3	1200	60
06	麻花钻	BT40-CHU13-95	$\phi10$			钻孔	28	800	60
07	精镗刀	BT40-DCK6-55	$\phi34$			镗孔	26	800	40

3. 填写工艺卡片

根据加工工艺和选用刀具情况，填写如表5-2-3所示工艺卡片。

表5-2-3　工艺卡片（学生填写）

加工工艺卡片		产品名称	零件名称	零件图号	材料		
		工作场地	使用设备和系统			夹具名称	
序号	工步内容	切削用量 主轴转速	切削用量 进给速度	切削用量 背吃刀量	刀具 编号	刀具 类型	备注
1							
2							
3							
4							
编制		审核		批准		日期	

三、程序编制

1. 建立工件坐标系，确定刀具轨迹及点坐标值

根据零件形状和尺寸标注，为方便对刀及编程，选择上表面的对称中心为工件坐标系原点。为保证加工质量，选择顺铣加工路线。

零件的编程原点、刀具走刀路线及点坐标如表5-2-4所示。

正方形外轮廓编程时，$R10$ 圆弧采用拐角圆弧过渡功能，只需要计算出两边的交点坐标。先将刀具快速定位到下刀点 A，注意下刀点应选择在毛坯的外侧，下刀至要加工深度，直线插补至 B 点，建立刀具半径补偿，圆弧插补至 C 点切入工件（切入、切出圆弧半径应大于刀具半径补偿值），依次按照 C→D→E→F→G→C 和箭头指示的方向切削整个轮廓，圆弧切出至 H 点，直线插补至 A 点并取消刀具半径补偿，抬刀至安全高度。

$\phi42$ 阶梯孔加工时，先在中心手动钻一个 $\phi10$ 通孔，作为下刀工艺孔。将立铣刀定位在 O 点，下刀至要加工深度，直线插补至 A1 点，建立刀具半径补偿，圆弧插补至 B1 点切入工件，逆时针插补整圆，圆弧切出至 C1 点，直线插补至 O 点，取消刀具半径补偿，抬刀至安全高度。

中间 $\phi34$ 通孔，先用螺旋铣孔的方式粗加工内孔，单边留 0.1mm 余量，然后再用精镗刀镗孔。

$\phi60$ 圆形凸台加工，从毛坯外侧 a1 点，下刀至要加工的深度，直线插补至 b1 点建立刀具半径补偿，圆弧切入至 c1 点，顺时针插补整圆，圆弧切出至 d1 点，直线插补至 a1 点取消刀具半径补偿，抬刀至安全高度。

表 5-2-4　刀具轨迹及点坐标

加工内容	图　　示	坐　　标
正方形、$\phi42$ 孔		上表面的对称中心为工件坐标系原点 A：X0. Y−65. B：X16. Y−60. C：X0. Y−44. D：X−44. Y−44. E：X−44. Y44. F：X44. Y44. G：X44. Y−44. H：X−16. Y−60. A1：X6. Y−15. B1：X21. Y0. C1：X6. Y15.

续表

加工内容	图 示	坐 标
凸台、孔		a: X-17. Y-70. b: X-7. Y-70. c: X-7. Y-29.172 d: X-7. Y29.172 e: X-7. Y70. f: X7. Y70. g: X7. Y29.172 h: X7. Y-29.172 i: X7. Y-70. j: X17. Y-70. a1: X65. Y0. b1: X50. Y20. c1: X30. Y0. d1: X50. Y-20. 1: X-31.82. Y-31.82. 2: X31.82. Y-31.82. 3: X31.82. Y31.82. 4: X-31.82. Y31.82.

底部凸台，按照竖直方向计算点坐标，编程时将坐标系旋转 45°，可减少点坐标计算量，简化编程。其中 R6 圆弧用拐角圆弧过渡功能，只需计算相邻两条线段的交点坐标即可。刀具定位到 a 点，下刀至要加工的深度，直线插补至 b 点并建立刀具半径补偿，然后按照 b→c→d→e→f→g→h→i 和箭头指示的方向切削整个轮廓，直线插补至 j 点。取消刀具半径补偿，抬刀至安全高度。

4-φ10 孔加工轨迹，按照 1→2→3→4 点的顺序钻中心孔，然后用钻头钻通孔。

2. 编写加工程序

编写零件加工程序如下（参考）。

正方形轮廓程序。

```
O5201;                          程序名
G54 G17 G90 M03 S900;           调用坐标系,绝对值编程,主轴正转
G00 Z150. M08;                  抬高至安全高度,切削液开
X0. Y-65.;                      刀具快速移动到下刀点 A
Z5.;                            刀具快速定位
G01 Z-16. F300;                 下刀至深度,分层加工,每层 8mm
G41 G01 X16. Y-60. D01;         直线插补至 B 点,建立刀具半径补偿
G03 X0. Y-44. R16.;             圆弧切入至 C 点
G01 X-44. Y-44.,R10.;           直线插补至 D 点,拐角圆弧过渡功能
G01 Y44.,R10.;                  直线插补至 E 点
```

```
X44.,R10.;                    直线插补至 F 点
Y-44.,R10.;                   直线插补至 G 点
X0.;                          直线插补至 C 点
G03 X-16. Y-60. R16.;         圆弧切出到 H 点
G40 G01 X0. Y-65.;            取消刀具半径补偿
G01 Z5.;                      抬刀
G00 Z150.;                    快速抬刀至安全高度
M30;                          程序结束
```

铣 $\phi 42$ 阶梯孔程序。

```
O5202;                        程序名
G54 G17 G90 M03 S900;         调用坐标系,绝对值编程,主轴正转
G00 Z150. M08;                抬高至安全高度,切削液开
X0. Y0.;                      刀具快速移动到下刀点 O
Z5.;                          刀具快速定位,切削液开
G01 Z-6. F300;                下刀至加工深度
G41 G01 X6. Y-15. D01;        直线插补至 A1 点,建立刀具半径补偿
G03 X21. Y0. R15;             圆弧切入至 B1 点
G03 I-21.;                    圆弧插补 $\phi 42$ 轮廓
G03 X6. Y15. R15.;            圆弧插补至 C1 点
G40 G01 X0. Y0.;              取消刀具半径补偿
G01 Z5.;                      抬刀
G00 Z150.;                    快速抬刀至安全高度
M30;                          程序结束
```

螺旋铣 $\phi 34$ 底孔程序。

```
主程序
O5203;                        程序名
G54 G17 G90 M03 S900;         调用坐标系,绝对值编程,主轴正转
G00 Z150. M08;                抬高至安全高度,切削液开
X0. Y0.;                      刀具快速移动到下刀点 O
Z5.;                          快速下刀
G01 Z-5. F300;                下刀至初始加工深度
G01 G41 X17. Y0. D01;         建立刀具半径补偿,调用 01 号补偿值
M98 P105204;                  调用 O5204 号程序 10 次
G90 G03 I-17.;                孔底平切
G40 G01 X0. Y0.;              直线退刀至圆心
G01 Z5.;                      抬刀
G00 Z150.;                    快速抬刀至安全高度
M30;                          程序结束
子程序
O5204;                        子程序名
G91 G03 I-17. Z-2.;           螺旋插补,Z 轴增量方式每圈-2mm
M99;                          子程序结束
```

精镗 φ34 孔程序。

```
O5205;                                  程序名
G54 G17 G90 G00 Z150. ;                 坐标系,加工平面XY,绝对值编程
M03 S800;                               主轴正转
M08;                                    切削液开
G99 G76 X0. Y0. Z-27. R-3. Q0.2 F40;    精镗循环,退刀量0.2mm
G80;                                    取消循环
Z150. ;                                 抬刀
M30;                                    程序结束
```

铣 φ60 圆形凸台程序。

```
O5206;                                  程序名
G54 G17 G90 M03 S900;                   调用坐标系,绝对值编程,主轴正转
G00 Z150. M08;                          抬高至安全高度,切削液开
X65. Y0. ;                              刀具快速移动到下刀点a1
Z5. ;                                   快速下刀
G01 Z-8. F300;                          下刀至加工深度
G41 G01 X50. Y20. D01;                  直线插补至b1点,建立刀具半径补偿
G03 X30. Y0. R20. ;                     圆弧切入c1点
G02 I-30. ;                             顺时针插补φ60整圆
G03 X50. Y-20. R20. ;                   圆弧插补至d1点
G40 G01 X65. Y0. ;                      取消刀具半径补偿
G01 Z5. ;                               抬刀
G00 Z150. ;                             快速抬刀至安全高度
M30;                                    程序结束
```

铣底部 45° 凸台程序。

```
O5207;                                  程序名
G54 G17 G90 M03 S1500;                  调用坐标系,绝对值编程,主轴正转
G68 X0. Y0. R45. ;                      坐标旋转
G00 Z150. M08;                          抬高至安全高度,切削液开
X-17. Y-70. ;                           刀具快速移动到下刀点a
Z5. ;                                   刀具快速定位
G01 Z-10. F300;                         下刀至加工深度
G41 G01 X-7. Y-70. D02;                 直线插补至b点,建立刀具半径补偿
Y-29.172 ,R6. ;                         直线插补至c点,倒圆角命令,R6
G02 Y29.172 R30. ,R6. ;                 顺时针圆弧插补至d点
G01 Y70. ;                              直线插补至e点
X7. ;                                   直线插补至f点
Y29.172 ,R6. ;                          直线插补至g点
G02 Y-29.172 R30. ,R6. ;                顺时针圆弧插补至h点
G01 Y-70. ;                             直线插补至i点
G40 X17. ;                              直线插补至j点并取消刀具半径补偿
G01 Z5. ;                               抬刀
G00 Z100. ;                             快速抬刀至安全高度
G69;                                    取消旋转
M30;                                    程序结束
```

钻 4-φ10 中心孔程序。

```
O5208;                              程序名
G54 G17 G90 M03 S1200 G00 Z150.;    调用坐标系,绝对值编程,主轴正转
G00 X-31.82 Y-31.82;                快速定位到 1 点
G00 Z5. M08;                        快速移动至初始平面,切削液开
G98 G81 X-31.82 Y-31.82 Z-13. R-8. F60; 钻孔循环,返回到初始平面 Z5.
X31.82 Z-11. R-6.;                  钻 2 点
Y31.82 Z-13. R-8.;                  钻 3 点
X-31.82 Z-11. R-6.;                 钻 4 点
G80;                                取消钻孔循环
G00 Z150.;                          快速抬刀至安全高度
M30;                                程序结束
```

钻 4-φ10 通孔程序。

```
O5209;                              程序名
G54 G17 G90 M03 S800 G00 Z150.;     调用坐标系,绝对值编程,主轴正转
G00 X-31.82 Y-31.82;                快速定位到 1 点
G00 Z5. M08;                        快速移动至初始平面,切削液开
G98 G81 X-31.82 Y-31.82 Z-30. R-8. F80; 钻孔循环,返回到初始平面 Z5.
X31.82 R-6.;                        钻 2 点
Y31.82 R-8.;                        钻 3 点
X-31.82 R-6.;                       钻 4 点
G80;                                取消钻孔循环
G00 Z150.;                          快速抬刀至安全高度
M30;                                程序结束
```

四、程序的录入及轨迹仿真

机床开机,回零,选择"EDIT(编辑)"模式,按 [PROG] 键进入程序界面,依次录入加工程序。切换到自动模式,按机床锁、辅助锁、空运行键,按下 [GRPH] 键,进入图形界面,按"循环启动"运行程序,注意观察刀具运行轨迹,检查刀路是否正确,如图 5-2-3 所示。

五、加工零件

岗位规范小提示:进入加工实训车间,要严格遵守车间管理规定和机床操作规范,穿戴好防护用品。严禁多人同时操作机床,注意保护人身和设备安全。

1. 装夹零件毛坯

检查机床,开机并回零。安装并找正平口钳。测量钳口高度,选择合适平行垫铁,垫起工件,伸出钳口大于 16mm,保证工件的水平,夹紧并敲平工件,如图 5-2-4 所示。

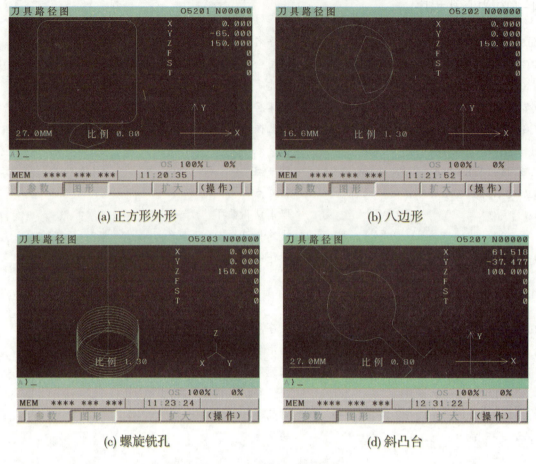

(a) 正方形外形   (b) 八边形

(c) 螺旋铣孔   (d) 斜凸台

图 5-2-3　模拟刀具轨迹

2. 设定工件坐标系原点

安装寻边器，将工件毛坯的对称中心设定为 G54 工件坐标系 X、Y 轴原点。

3. 铣削平面

安装 ϕ63 端铣刀，手动铣削上表面，去除毛坯表面层即可，如图 5-2-5 所示，深度约 0.5mm。

图 5-2-4　装夹工件毛坯

图 5-2-5　铣平面

4. 铣削正方形轮廓

安装 ϕ20 立铣刀至主轴，校准 Z 轴设定器，将工件毛坯上表面设定为 G54 工件坐标系 Z 轴原点。

调用 O5201 号加工程序，将加工深度修改为 Z-8.，分层加工。切换到刀补设置界面，将 D01 号半径补偿值修改为 10.2，如图 5-2-6 所示。切换到自动模式，按 "循环启动" 键运行程序，程序运行完毕，切换到编辑模式，修改下刀深度为 Z-16.，切换到自动模式，再次运行程序，完成轮廓粗加工。切换到刀补设置界面，修改 D01 号半径补偿值为 9.985（外形 88 尺寸公差要求为 $_{-0.05}^{0}$），切换到自动模式，运行程序，完成轮廓精加工，如图 5-2-7 所示。千分尺测量轮廓尺寸，如有误差可修改半径补偿值，再次运行程序，加工至尺寸要求。

图 5-2-6 修改刀具半径补偿值 图 5-2-7 外轮廓

5. 加工 φ42 阶梯孔

更换 φ10 钻头至主轴，手动在 φ42 孔中心钻通孔，如图 5-2-8 所示。更换 φ20 立铣刀至主轴，用 Z 轴设定器将上表面设定为 G54 工件坐标系 Z 轴原点。调用 O5202 号阶梯孔加工程序，将 D01 号半径补偿值修改为 10.2，自动模式运行程序，完成粗加工。将 D01 号半径补偿值修改为 10.05，运行程序完成半精加工，千分尺测量孔直径，根据测量结果修改半径补偿值，再次自动运行程序，完成精加工，如图 5-2-9 所示。检测尺寸是否合格，如有误差，再次修改刀具半径补偿值，加工至尺寸要求。更换倒角铣刀，Z 轴重新对刀，修改半径补偿值，完成倒角加工。

 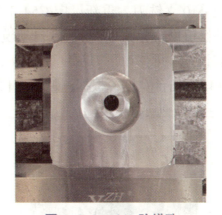

图 5-2-8 φ10 通孔 图 5-2-9 φ42 阶梯孔

6. 加工 φ34 通孔

调用 O5203 螺旋铣孔程序，将 D01 号半径补偿值修改为 10.1。自动运行程序，完成孔的粗加工。安装精镗刀至主轴，Z 轴重新设定工件坐标系原点。调整镗刀，调用 O5205 号镗孔程序，精镗孔至图纸要求，如图 5-2-10 所示。

7. 掉头装夹并对刀

掉头装夹工件，夹持已加工好的正方形，伸出钳口高度大于 10mm。主轴安装 φ63 端铣刀，手动铣削上表面，保证工件高度 23mm。

为保证两次装夹的位置度，以中间已加工的 φ34 孔为对刀基准，用杠杆百分表找出孔中心机械坐标值，将孔中心设定为工件坐标系 X、Y 原点，如图 5-2-11 所示。

 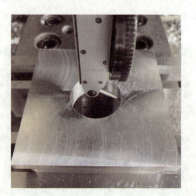

图 5-2-10　镗 φ34 孔　　　　　图 5-2-11　百分表对刀

8. 加工 φ60 凸台

安装 φ20 立铣刀至主轴，Z 轴重新设定 G54 工件坐标系原点。调出 O5206 号凸台程序，按 [SET] 键，切换到刀补设置界面，将 D01 号半径补偿值修改为 10.2，单边留 0.2mm 精加工余量。自动模式运行程序，完成轮廓粗加工，并去除多余余量，测量深度和轮廓尺寸，如深度方向有误差，根据测量结果修改下刀深度。将 D01 号刀具半径补偿值修改为 10.05，再次运行程序，完成半精加工，千分尺测量凸台尺寸，根据测量结果修改刀具半径补偿值。再次运行程序，完成精加工，如图 5-2-12 所示。更换倒角铣刀，Z 轴重新对刀，修改半径补偿值，完成倒角加工。

9. 加工斜凸台

主轴更换 φ10 立铣刀，重新设定 G54 工件坐标系 Z 轴原点。调用 O5207 号加工程序，将 D02 号半径补偿值修改为 5.2，切换到自动模式，运行程序，完成粗加工。测量深度和轮廓尺寸，深度如有误差，可修改下刀深度。修改 D02 半径补偿值为 5.05，再次运行程序完成半精加工，测量 14mm 凸台宽度，根据测量值，修改 D02 半径补偿值，自动运行程序，加工至图纸要求，如图 5-2-13 所示。

图 5-2-12　φ60 凸台　　　　　图 5-2-13　斜凸台

10. 加工 4-ϕ10 通孔

安装 ϕ3 中心钻至主轴，将上表面设定为 G54 工件坐标系 Z 轴原点。调用 O5208 号中心孔程序，自动模式运行程序，钻出中心孔，如图 5-2-14 所示。

更换 ϕ10 钻头至主轴，将上表面设定为 G54 工件坐标系 Z 轴原点。调用 O5209 号钻孔程序，自动运行程序，完成钻孔，如图 5-2-15 所示。

图 5-1-14　钻中心孔图

图 5-1-15　钻 4-ϕ10 通孔

11. 整理机床

卸下工件，去除加工产生的毛刺。按照车间 7S 管理规定整理工作岗位，清扫机床，刀量具擦净摆放整齐，关闭机床电源，清扫车间卫生。

六、检测零件

各小组依据图纸要求检测零件，并将检测结果填入表 5-2-5 中。

表 5-2-5　检测零件细表

序号	检测项目	检测内容	配分	检测要求	学生自评		老师测评	
					自测	互测	检测	得分
1	宽度	$88_{-0.05}^{0}$两处	6	超差 0.01 扣 1 分				
2	宽度	$14_{-0.027}^{0}$两处	6	超差 0.01 扣 1 分				
3	直径	$\phi42_{0}^{+0.039}$	5	超差 0.01 扣 1 分				
4	直径	$\phi34_{0}^{+0.025}$	6	超差 0.01 扣 1 分				
5	直径	$\phi60_{-0.046}^{0}$	5	超差 0.01 扣 1 分				
6	深度	6 ± 0.05	4	超差 0.01 扣 1 分				
7	高度	$23_{0}^{+0.052}$	4	超差 0.01 扣 1 分				
8	直径	$\phi10$ 四处	4	超差 0.1 扣 2 分				
9	深度	10	2	超差 0.1 扣 2 分				
10	深度	8	2	超差 0.1 扣 2 分				
11	半径	$R6$ 四处	4	超差 0.1 扣 2 分				

续表

序号	检测项目	检测内容	配分	检测要求	学生自评		老师测评	
					自测	互测	检测	得分
12	倒角	$C1$ 两处	4	超差 0.1 扣 2 分				
13	垂直度	0.04	5	超差不得分				
14	平行度	0.03	5	超差不得分				
15	粗糙度	$Ra1.6$	2	一处不合格扣 2 分				
16	粗糙度	$Ra3.2$	2	一处不合格扣 1 分				
17	去除毛刺、飞边	是否去除	4	一处不合格扣 1 分				
18	时间	工件按时完成	10	未按时完成不得分				
19	现场操作规范	安全文明操作	10	违反操作规程按程度扣分				
20		工量具使用	5	工量具使用错误，每项扣 1 分				
21		设备维护保养	5	违反维护保养规程，每项扣 1 分				
22	合计（总分）		100	机床编号		总得分		
23	开始时间		结束时间		加工时间			

 任务评价与总结

根据任务完成情况，填写任务评价表（表 5-2-6）和任务总结表（表 5-2-7）。

表 5-2-6 任务评价表

任务名称		日期	
评价项目	评价标准	配分	自我评分	教师评分
工艺过程 10%	合理编制工艺过程，刀具选用合理，程序正确，任务实施过程符合工艺要求	10		
安全操作规范 15%	正确规范操作设备，加工无碰撞，能正确处理任务实施出现的异常情况。保证人身和设备安全	15		
任务完成情况 50%	按照任务要求，按时完成任务，零件尺寸符合图纸要求。正确完成零件尺寸的检测	50		

评价项目	评价标准	配分	自我评分	教师评分
职业素养 15%	着装整齐规范，遵守纪律，工作中态度积极端正，严格遵守安全操作规程，无安全事故。工量具摆放整齐有序，任务完成后及时维护、保养、清扫设备，遵守 7S 管理规定	15		
团队协作 10%	小组成员分工明确，积极参与任务实施。团队协作，共同讨论、交流，解决加工中的问题	10		
合计		100		

表 5-2-7 任务总结表

自我总结	通过本任务的学习，谈谈自己的收获和存在的问题： 学生签名： 日期：
教师总结	对学生的评价与建议： 教师签名： 日期：

"1+X" 技能考核练习题

实操练习题一

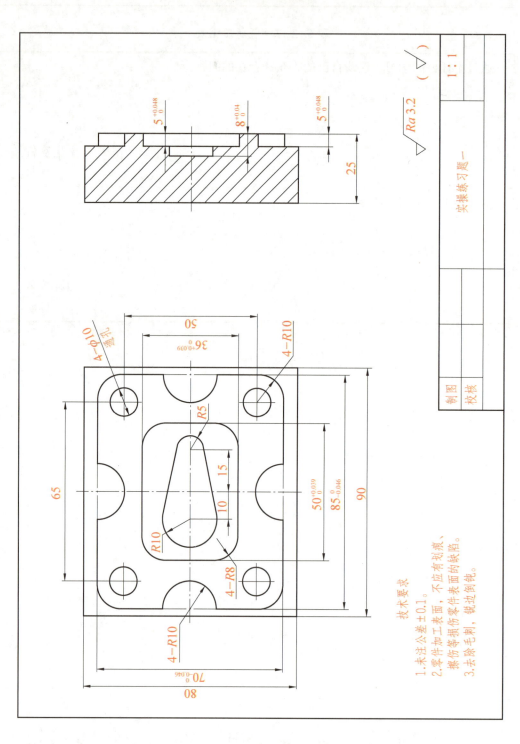

实操练习题二

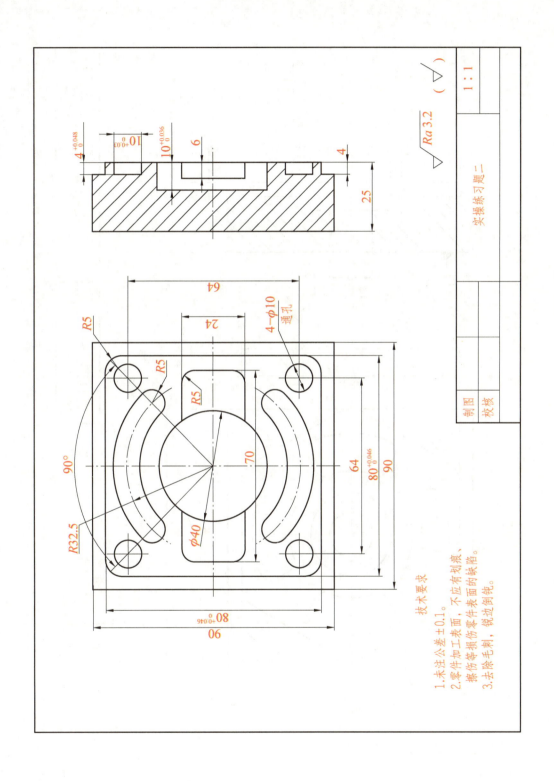

技术要求
1. 未注公差±0.1。
2. 零件加工表面，不应有划痕、碰伤等损伤零件表面的缺陷。
3. 去除毛刺，锐边倒钝。

$\sqrt{Ra\,3.2}$ （ $\sqrt{}$ ）

| 制图 | | | 实操练习题二 | | 1 : 1 |
| 校核 | | | | | |

实操练习题三

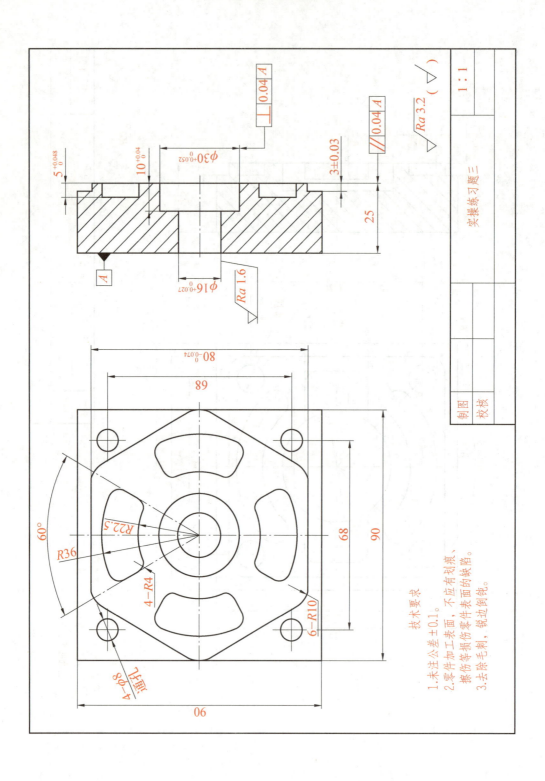

技术要求
1.未注公差±0.1。
2.零件加工表面,不应有划痕、擦伤等损伤零件表面的缺陷。
3.去除毛刺,锐边倒钝。

				实操练习题三	1:1
		制图			
		校核			

实操练习题四

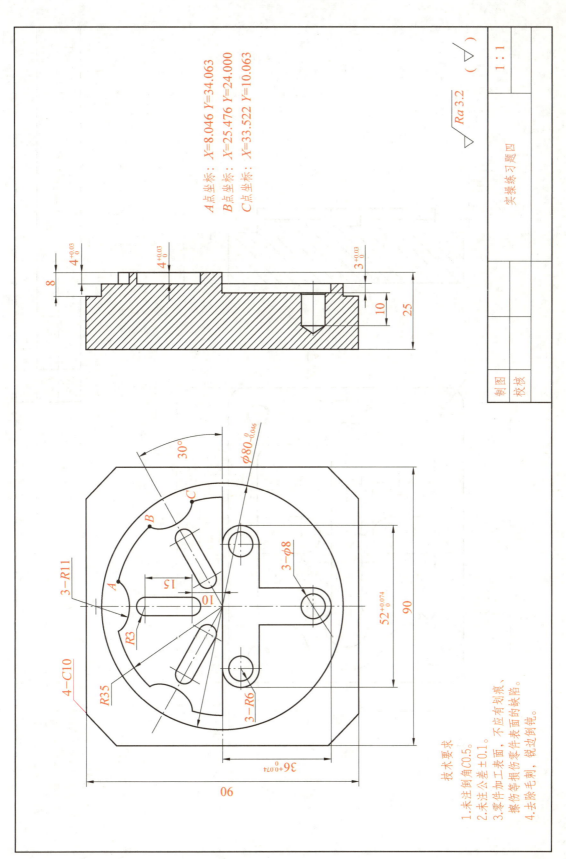

A 点坐标：X=8.046 Y=34.063
B 点坐标：X=25.476 Y=24.000
C 点坐标：X=33.522 Y=10.063

$\sqrt{Ra\,3.2}$ (∇)

1 : 1

实操练习题四

制图
校核

技术要求
1. 未注倒角 C0.5。
2. 未注公差 ±0.1。
3. 零件加工表面，不应有划痕、
擦伤等损伤零件表面的缺陷。
4. 去除毛刺，锐边倒钝。

实操练习题五

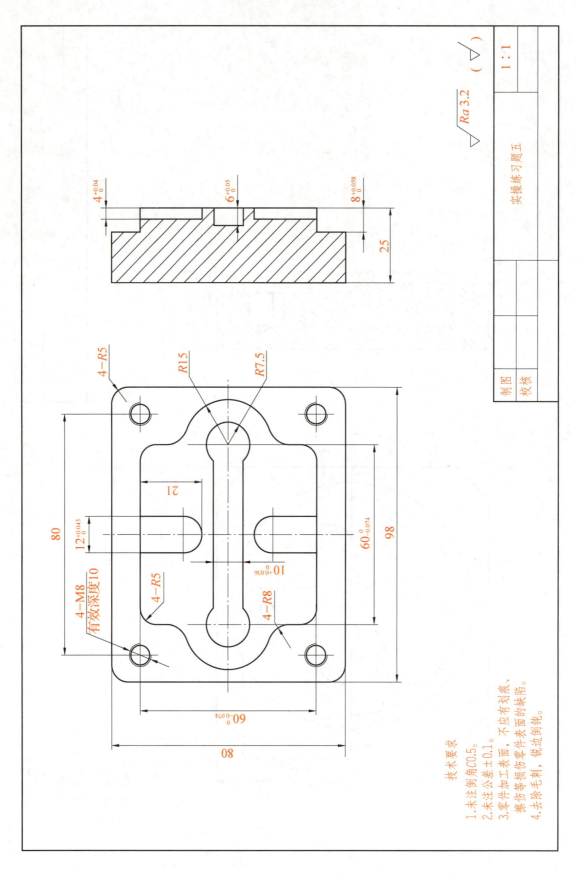

技术要求
1. 未注倒角C0.5。
2. 未注公差±0.1。
3. 零件表面，不应有划痕、擦伤等损伤零件表面的缺陷。
4. 去除毛刺，锐边倒钝。

实操练习题六

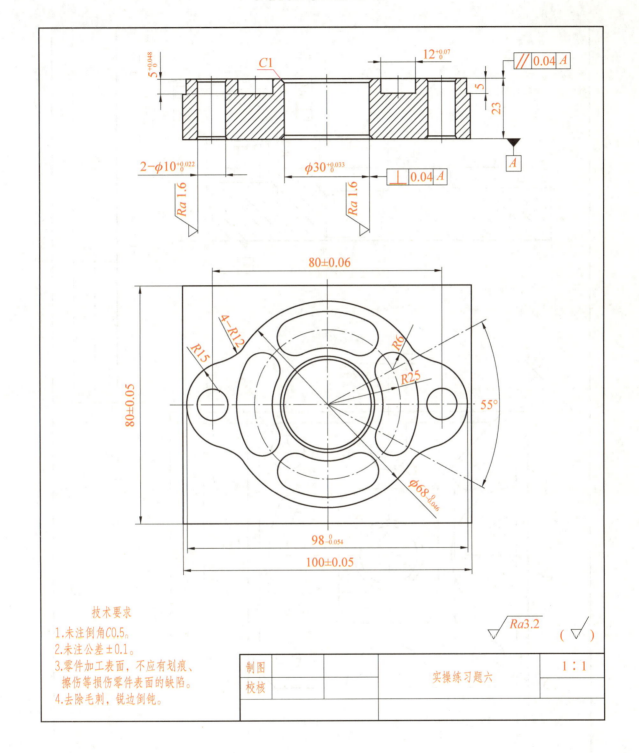

技术要求
1.未注倒角C0.5。
2.未注公差±0.1。
3.零件加工表面，不应有划痕、
  擦伤等损伤零件表面的缺陷。
4.去除毛刺，锐边倒钝。

$\sqrt{Ra3.2}$ ($\sqrt{}$)

制图			实操练习题六	1：1
校核				

实操练习题七

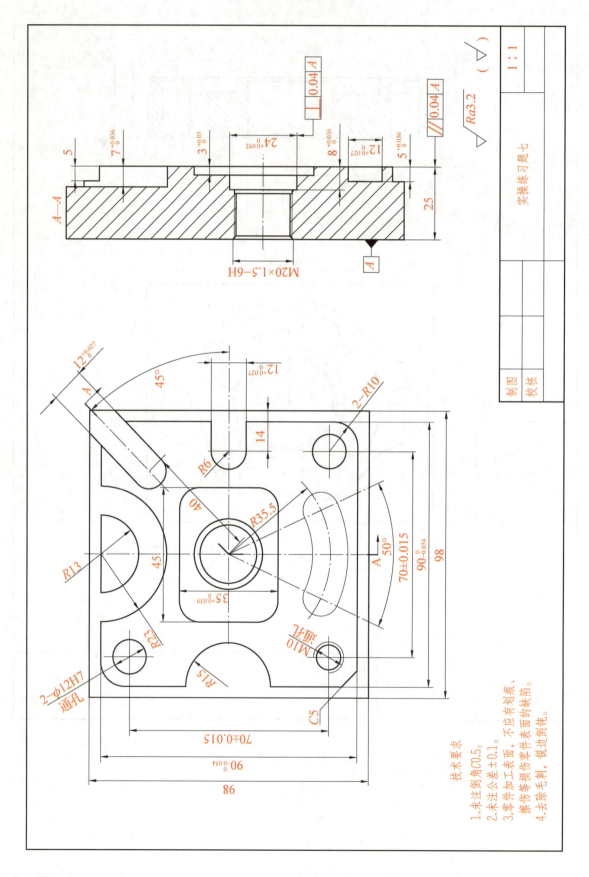

技术要求
1.未注倒角C0.5。
2.未注公差±0.1。
3.零件加工表面，不应有划痕、擦伤等损伤零件表面的缺陷。
4.去除毛刺，锐边倒钝。

实操练习题八

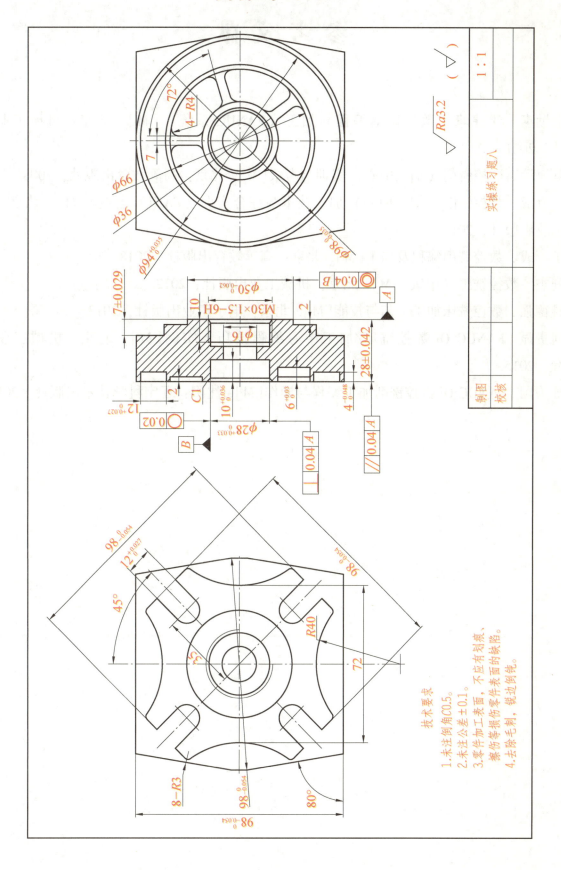

$\sqrt{Ra3.2}$ (∇)

1 : 1

实操练习题八

制图
校核

技术要求
1. 未注倒角C0.5。
2. 未注公差±0.1。
3. 零件加工表面，不应有划痕、擦伤等损伤零件表面的缺陷。
4. 去除毛刺，锐边倒钝。

参 考 文 献

[1] 朱勤惠，沈建峰．数控铣削编程与加工（FANUC 系统）[M]．北京：机械工业出版社，2021．

[2] 陈海滨．数控铣削（加工中心）实训与考级[M]．北京：高等教育出版社，2008．

[3] 于万成．数控铣削（加工中心）加工技术与综合实训（FANUC 系统）[M]．北京：机械工业出版社，2015．

[4] 于万成．数控铣削编程及加工[M]．北京：高等教育出版社，2018．

[5] 刘杰．数控铣工（中级）[M]．北京：机械工业出版社，2012．

[6] 姚德强．数控铣床加工工艺与技能[M]．北京：电子工业出版社，2013．

[7] 何贵显．FANUC Oi 数控铣床/加工中心编程技巧与实例[M]．北京：机械工业出版社，2015．

[8] 陈为国．FANUC Oi 数控铣削加工编程与操作[M]．沈阳：辽宁科学技术出版社，2011．